纺织服装高等教育“十三五”部委级规划教材
服装设计与工程国家级特色专业建设教材

服装设计基础

Basics For Fashion Design

朱莉娜 编著

東華大學出版社·上海

图书在版编目 (CIP) 数据

服装设计基础 / 朱莉娜编著 .—上海：东华大学出版社，2015.9

ISBN 978-7-5669-0889-6

I. ①服… II. ①朱… III. ①服装设计—高等学校—教材 IV. ① TS941.2

中国版本图书馆 CIP 数据核字（2015）第 214995 号

责任编辑：孙晓楠

封面设计：陈良燕

服装设计基础

FUZHUANG SHEJI JICHU

朱莉娜　编著

出　　　版：东华大学出版社 (上海市延安西路 1882 号，200051)

本 社 网 址：http://www.dhupress.net

天猫旗舰店：http://dhdx.tmall.com

营 销 中 心：021-62193056　62373056　62379558

印　　　刷：苏州望电印刷有限公司

开　　　本：889mm × 1194mm　1/16

印　　　张：6.5

字　　　数：300 千字

版　　　次：2016 年 1 月第 1 版

印　　　次：2018 年 7 月第 2 次印刷

书　　　号：ISBN 978-7-5669-0889-6

定　　　价：33.00 元

前　言

本书是服装设计与工程专业的特色课程建设书目，对口贯通专业试点建设教材。其也是笔者近十几年来从事服装设计教学的经验积累及一些易学易掌握方法的总结。该书既可作为高等院校服装专业学生的教材，也可作为从事服装设计、生产、营销等的专业技术人员以及广大服装设计爱好者的参考用书。

本书共分六章，第一章介绍了服装设计的基础概念；第二章讲解了服装造型设计，包括外部造型设计和内部造型设计；第三章讲解了服装图案设计，从图案基础知识部分入手，通过掌握它的规律、方法和技巧，逐步结合服装，运用到服装设计中去；第四章介绍了系列服装设计，包括系列服装设计的方法和要点等；第五章以学生参加服装设计大赛作品为具体案例，分析并讲解创意服装设计；第六章介绍了服装设计的综合运用，包括女装设计、男装设计、童装设计，多角度地把握服装设计学的总体设计思路。

本书在编著过程中得到了张慧、张孟璇、白雪、陈云琴、叶琳、吴梦瑶、王建明、周慧丽等的帮助，特此表示衷心感谢。同时，值此书出版之际，谨向参与编写、审定的专家和提供支持的各方人士表示衷心的感谢。

由于撰写时难以做到尽善尽美，因此书中难免会有疏漏、欠妥和偏颇之处，恳请广大读者和同行给予指正。

编　者

2015 年 7 月

目录

CONTENTS

第一章　服装设计概论 / 7

第一节　简述服装 / 9

第二节　服装设计概述 / 11

第二章　服装造型设计 / 15

第一节　服装廓形设计 / 17

第二节　服装衣身结构设计 / 22

第三节　服装局部造型设计 / 25

第三章　服装图案设计 / 33

第一节　图案的构成 / 35

第二节　图案的分类 / 37

第三节　服装图案与其他设计要素的关系 / 42

第四节　服饰图案的表现形式 / 44

目录

CONTENTS

第四章　系列服装设计 / 49

第一节　系列服装设计概述 / 51

第二节　系列服装设计的方法 / 53

第三节　系列服装设计的要点 / 60

第五章　创意服装设计 / 65

第一节　服装创意设计的方法 / 67

第二节　成衣类服装创意设计 / 72

第三节　服装创意设计典型案例分析 / 75

第六章　服装设计的综合运用 / 83

第一节　女装设计 / 85

第二节　男装设计 / 89

第三节　童装设计 / 94

第一章　服装设计概论

“凡是我所知道的，我所看到的、听到的一切，我的存在的一切，都归结到衣裳上去。”

——克里斯汀·迪奥

服装作为人类文明的产物，从一开始就与人类社会的经济、政治、文化发展密切相联。随着人类社会的发展与进步，服装也经历了由低级到高级、由简陋到精致的漫长演变过程。今天的服装充分反映了现代科技的发展水平和各民族、各地区广泛交流的状况。人们也更注意通过服装展示自我、展示生活情趣。服装越来越受到社会的重视。

第一节 简述服装

一、服装的概念

服装有两方面的含义：一方面是指用于人体穿着的所有物品的总称，这些物品主要有衣服、首饰、箱包、头巾、帽子等；另一方面，服装也指人体着装后的一种状态，这种状态由穿衣人、衣物以及人和物所处的环境共同组成。服装的这两方面的含义是共存的，为人们表述和理解服装提供了方便。

服装是人类赖以生存的物质条件，同时也是作为“社会人”必须具备的重要表现形式。因此，服装的基本性质既有物质性的一面，也有精神性的一面。服装的这些基本性质从服装的产生之初即表现出来。关于服装的起源有许多推测和解释，概括起来无不起源于人类以下两方面的需要：一方面是由于人类生理方面的物质需要；另一方面是由于人类心理方面的精神需要。人类这两方面的需要始终是服装发展的主要条件与动力。正因为有了这些条件与动力，服装才会从简陋到精致、从低级到高级地向前发展，成为人类社会物质生活与精神生活不可缺少的组成部分。

在了解服装概念的同时，还必须把几个与服装有关的名词搞清楚。

（1）衣服：衣服是服装的一部分，是遮盖人体的物品，如上衣、裤子等。不包括首饰、鞋、帽等服饰配件。

（2）成衣：成衣是按一定规格和标准型号批量生产的衣服。消费对象是具有相同或相近需求的群体。

（3）时装：时装是在一段时间、一定范围内流行的服装。

衣服、成衣、时装与服装有直接联系，但又各有不同的内涵，搞清楚它们的区别，有利于全面、深入地了解服装。

二、服装的功能

1. 防护功能

服装是人类生活的必需品，为了抵抗大自然的侵害和其他环境因素的影响，人类生活中必须具有必要的防护设施，服装便是其中一项。服装对人的防护，主要表现为以下几个方面。

（1）防寒保暖：在气温比较低的情况下，人们穿着服装后能遮盖94%左右的身体，能有效地阻止人体表面皮肤产生的热量向外散发，提高机体的御寒能力，保护穿衣人不受寒冷的伤害。

（2）隔热防暑：在外界气温高于人体温度时，环境中的热能会通过辐射和对流，传达至人的皮肤，然后通过血液的流动传入人的体内，影响人体健康，而浅色或一些特殊面料的服装却有很好的防辐射和隔热功能。

（3）调节湿度：空气湿度过低，会使人感到干燥，而湿度过高又会使人感到闷热。用透气性、吸湿性良好的材料制作服装，能及时调节和保持衣下空气层的湿度，使人感到舒适。

（4）调节空气：人体的皮肤是需要呼吸的。皮肤在呼吸时，除排出二氧化碳外，还会排出各种气态的有机物质，它们的主要成分是氯化钠、尿素、乳酸和氨等。这些物质有酸臭味，若留在皮肤或内衣上，对皮肤有一定的刺激作用。如果长期存留在皮肤和内衣上，还会滋生微生物，影响人的健康。透气性良好的服装能经常更新衣服内层空气，使得外界清洁的新鲜空气不断替换有害的空气，以帮助皮肤进行正常的新陈代谢。

（5）防风、防雨：冬季凛冽的寒风会使没有遮盖的皮肤出现干裂、冻伤的现象，即使在夏天，让风直接吹到人身上也会使抵抗力不强的人着凉。穿着服装，特别是穿着用透气性较差的材料制作的服装，能有效地减少因刮风引起的皮肤水分蒸发和大量散热。雨水能直接淋湿皮肤，破坏皮肤的正常生理机能，加速体热的散发，引起寒冷反应。穿着防水性能良好的服装，能使人体免受雨水的侵袭。

（6）其他防护作用：服装还能保护皮肤免受灰尘和泥土污染，免遭蚊虫叮咬、荆棘扎刺以及外力伤害。有些专用服装还有许多特殊的保护作用。如防毒、防细菌、防原子辐射、防火、防低压缺氧、防高空气液沸腾等。

总之，人类的正常生理机能和一切活动，都离不开服装，服装是人类生活的必需品。

2. 美学功能

服装是人类美化自身的艺术品，从考古发掘的文物中可以发现人类很早就有了审美意识。他们在制造生产工具和生活用具的同时，已经在制造艺术品。大量的史料还证明，在人类最早创造美的活动中，就包含了对自身的美化。他们绘制纹身、磨制贝壳、佩戴骨珠和石珠、涂黑牙齿等方法打扮自己。服装产生之后，人类对自身的装饰就被服装所取代了，服装成了人们形象的重要组成部分。无数古今中外的艺术家借助服装的表现塑造了许许多多令人难忘的人物形象。在现实生活中也是这样，当我们回忆某位朋友、某位同事的时候，他的服装总是和他的音容笑貌同时出现在我们脑海里。

随着人类精神文明和物质文明的不断提高，人们追求美的愿望更加强烈，这种愿望首先表现在每个人的自我完善方面。衣着美、仪表美是人们自我完善的重要条件之一。穿上一件得体的服装，不仅能弥补穿衣人体型上的不足，而且能使穿衣人在社交活动中更有信心。今天，单纯地满足于服装的实用功能的人已经不多了，人们更注重服装在实用基础上的装饰功能。人们需要用服装的款式美、色彩美、材料美、图案美来满足自己不断更新的审美追求；需要用服装维护自己的体面和尊严。在现代社会，服装已成为一种倍受人们关注的艺术品。

三、服装的分类

服装一般可分为两大部分：一部分是衣服，亦称衣裳，是人体着装的主要部分；另一部是服饰配件，主要起着补充和烘托的作用。衣服类服装的种类很多，分类方式也很复杂，一般可按以下 8 种方式分类：

（1）按季节分：春装、秋装、夏装、冬装。

（2）按性别分：男装、女装。

（3）按年龄分：婴儿装、童装、青少年装等。

（4）按款式分：长裤、马甲、短裙、西装等。

（5）按材料分：丝绸服装、裘皮服装、棉布服装、羽绒服装等。

（6）按用途分：工作服、运动服、舞台服、生活服等。

（7）按加工工艺分：编织服装、手绘服装、绣衣等。

（8）按民族或国家分：朝鲜族服装、蒙古族服装、苗族服装；印度服装、日本服装等。

服饰配件类根据服饰配件各自不同的功能，主要可分为以下四类：

（1）首饰类：钗、簪、耳坠、戒指、项链、手镯等。

（2）帽类：棉帽、礼帽、安全帽、草帽等。

（3）鞋类：拖鞋、雨鞋、便鞋、球鞋、皮鞋、布鞋、胶鞋等。

（4）包类：书包、公文包、旅行包、手提包、钱包等。

另外，对衣服的功能起补充和烘托作用的服饰配件还有头巾、腰带、袜子等。

第二节 服装设计概述

一、服装设计的概念

服装设计是指在正式生产或制作某种服装之前，根据一定的目的、要求和条件，围绕这种服装进行的构思、选料、制样、定稿、绘图等一系列工作的总和。工业革命以前，由于生产力落后及社会生活的局限，服装设计与服装缝制没有截然的分工。随着现代工业的发展，服装已成为批量生产的工业产品。同时，社会生活的日益丰富和人们经济收入的提高，也激发着人们对服装的功能提出更高的要求。于是，服装设计逐步从手工业操作的匠人手中脱离出来，并发展为一门独立的、综合性的应用学科。

首先，服装设计要实现服装良好的实用功能。因此，服装设计必须研究并解决服装的外观形式、使用材料及内部结构如何更好地适应人体结构和人的活动规律等问题。只有解决好这些问题，使得设计制作完成的服装给人方便、舒适的感受，才可能保证设计的成功。即使那些以追求艺术美为主要目的的服装设计作品，在展示时也必须与人体以及模特的表演完美地结合起来，否则，也会影响其艺术美的表现。

其次，服装设计必须追求尽可能完美的审美功能。因此，服装设计必须研究并解决如何运用各种形式美要素和形式美构成法则处理好服装的款式、色彩、材料变化，使服装更好地美化人们的生活。特别是在当下，不能解决好这些问题，服装设计就很难受到人们的欢迎。

再次，服装设计是一种面向生产的设计，其设计必须与生产技术、设备和管理同步进行。因此，服装设计必须研究并解决产品外观形式与内在质量的关系问题，研究并解决产品价值与成本的关系问题，使价值规律通过设计在生产中得到最佳体现。

最后，服装设计还是一种面向市场的设计，设计的成功与否最终要由市场来检验。因此，服装设计必须研究不断变化的市场，研究市场销售规律和流行趋势对设计的影响。只有这样，才能在日益激烈的市场竞争中赢得胜利。

总之，服装设计的最终目的是谋求达到人与服装、社会与服装、服装厂与市场之间的相互协调。它对于满足人们的物质需求，推动社会物质文明与精神文明的发展，有着极其重要的意义。

二、服装设计的分类

在设计不同类别的服装时，设计定位和设计语言都应当有明确的区别，这样才能做到有的放矢。因此，服装设计也有分类的必要。服装设计的分类可以按照服装的类别来分，如丝绸服装设计、舞台服装设计、生活装设计等。由于生活装的消费群体广博而复杂，因此，生活装设计一般又分为高档服装设计和成衣设计两种，以适应不同消费群体的需要。因为中高档服装的设计主要是针对有一定社会地位和经济基础的少数人，这类服装的成本和价格无须过分重视。设计的重点应侧重于表现穿衣人的个性特征，所用的材料和工艺都必须十分讲究，以烘托穿衣人的体型、气质、社会地位和经济实力。而一般成衣设计针对的是普通消费者，服装的成本和价格是设计者不能忽视的重要因素。设计的重点应侧重于反映流行，并根据不同年龄、不同性别、不同地区的人的审美需要进行分类设计。只有准确地把握好各类服装设计的定位和设计语言，才能得到事半功倍的效果。

三、服装设计者的基本条件

服装设计涉及自然科学和社会科学的广阔领域，需要运用数学、物理、化学、生理学、心理学、美学、材料、工艺、人体工学以及经济、管理、市场销售等各方面知识。因而在具体工作中，服装设计者常常要与有关的工程师、工艺师、管理人员、供销人员通力合作，发挥集体的力量，才能圆满地完成全部任务。同时，作为设计者本人，也应具备以下多方面的条件。

1. 丰富的生活经验

直接或间接的生活经验是设计者进行创作的源泉，是服装设计者必须具备的条件，是设计者创作能力形成和发展的基础。设计者应使服装具有较高的使用价值。然而，不同地区的人群，因为地理环境、气候条件、生活习俗、劳动方式以及经济收入的不同，对服装的要求也有所不同。设计者只有深入生活，才能了解不同地区人们的不同要求，设计出适销对路的产品。

设计者还要使服装产品具有较高的审美价值。生活中蕴藏着丰富的美，设计者只有深入生活，才能从生活中捕捉到社会的美、自然的美、艺术的美。且把从生活中得到的美的情感、美的造型、美的色彩，融入到自己的设计作品中去。同时为了使自己的设计符合工厂的生产条件，设计者应积极参加生产实践，了解并熟悉服装生产的每个环节。设计者生活经验的广度和深度，从根本上决定了其设计作品的价值。

2. 必要的人体知识

服装设计是以满足人的生理需要和心理需要为最终目的的设计。符合人体结构、方便人体活动是服装设计的前提条件。因此，为了获得成功的设计，设计者必须具有与设计有着直接关系的人体方面的知识，要充分认识人体活动规律及人与周围环境的关系。

3. 熟练的基本技能

在自己的构思还未成熟之前，或者在自己的设计还未变成产品之前，为了便于思考，便于向别人介绍自己的设计作品，设计者需要用一种形象的、直观的形式将自己的设计意图表达出来，这种形式就是绘画和制图。用绘画的形式表达设计者对服装款式、色彩、材料、图案以及穿着效果的设想。用几何制图的形式表达设计者对服装内部结构的设想，这两种形式常常配合使用，相辅相成。设计者要掌握这两种表现形式并了解它们之间的相互关系，使它们成为一个有机的整体。

服装设计要为成衣制作方便创造条件。服装的制作包含许多工艺手段，如平缝、拼接、滚边、缉裥、刺绣、熨烫等。熟悉并掌握服装的各种缝制工艺，有利于开拓设计者的思路，同时，使自己的设计更符合生产实际。服装的缝制过程，又是一个补充、纠正、实现设计构思的过程。服装是立体的、动态的，服装的实际穿着效果绝不同于图纸上平面的、静止的绘画效果。为了进一步完善设计意图，设计者应能自己动手制作，使自己在制作过程中有机会不断调整并充实自己的设计。

随着科学技术的发展，先进的计算机辅助设计手段已进入服装的设计、生产、营销等各个领域，大大提高了服装款式变化、放码、排料、试衣等工作效率。于是，会使用计算机辅助设计工具便成了现代服装设计人才的必要技能。

4. 明确的经济观念

在现代社会里，服装是工厂服务于市场并赢得利润的商品。因此，除创意服装设计外，现代服装设计必然要受到经济规律的制约，受到消费者的制约。设计者不能像艺术家那样单凭个人灵感和兴趣去创作，而应尊重流行趋势、市场需求以及消费者心理，运用生产单位所提供的条件以及新材料、新工艺，创作出合乎经济规律、受消费者欢迎的设计。那些忽视客观条件，不考虑市场需求，总是强调表现“自我”的设计者，随时面临被淘汰的风险。

5. 良好的艺术素养

服装设计是技术与艺术的统一，设计者应具有良好的艺术素养。艺术素养是指艺术家从事艺术创作必须具备的各种艺术规律性知识，以及审美感受能力和艺术表现能力。各种艺术规律性知识是艺术家、文艺理论家从事艺术创作、研究艺术规律的经验总结。如艺术美的特性、内容和形式的关系，形式美的基本法则等。学习并探讨这些艺术理论，认识并把握艺术美的特征和创作规律，对设计服装有极重要的意义。

服装的设计与其他艺术品一样，也有一个认识美、表现美的过程。设计者必须具备一定的审美能力和艺术表现能力。如果面对自然的美、艺术作品的美而无动于衷，就不可能产生表现它们的欲望，更谈不上将它们融入到自己的服装设计中去。发现美、感受美是重要的，但服装设计者仅停留在这个阶段还不够。设计者不仅是美的鉴赏者，更应该是美的创造者，应该有把美表现出来的能力，并且使表现出来的美受到他人的认可和欢迎。

设计者需要的各种艺术规律性知识是在不断地学习和探索中积累的。设计者必须具备的审美感受能力和艺术美的表现能力是在创作实践中不断提高的。同时，设计者还应当广泛地接触姊妹艺术，加深对各种艺术规律性知识的理解。提高自己对美的感受能力，并借鉴姊妹艺术的创作经验和创作手法，增强自己的艺术表现能力。

6. 优秀的创造能力

新的服装设计不是凭空产生的，服装具有明显的继承性。这种继承性既表现在服装发展的整个历史长河之中，也表现在各阶段服装流行的更替之中。因此，每个设计者都应当认真学习和研究有关服装的历史和过去流行的特征。

当然，服装设计的发展更需要创新。随着社

会经济的发展，消费者对服装的各种功能和外观形式都有日益增高的要求，而各个服装厂提供的产品也使消费者拥有了广阔的选择余地。因此，当前的服装市场是竞争十分激烈的市场，设计者必须具有优秀的创造能力，创造性地运用已有的知识和经验，创造性地利用现代科学技术所提供的新材料、新工艺，从而使自己的设计作品具有合乎消费者需要，而别的同类产品所没有的新功能。或者使作品的形式符合消费者新的审美理想，以争取竞争的优势。那些总是跟着别人脚印走，或是只能靠抄袭来完成设计任务的人，将永远是被动的。

第二章　服装造型设计

“创造美丽是我的生命。”

——伊夫·圣·洛朗

服装造型，就是依托自然的人体，借助不同的服装材料，进行服装立体形态的塑造。有时仅仅通过服装造型，我们就能辨别它出自哪位设计师的手笔，可以说造型是最能体现设计者个性的设计要素之一。

服装造型设计，一般分为外部造型设计和内部造型设计。外部造型一般以廓形来代表，是服装整体形态的概括，强调对服装空间感和体积感的把握。内部造型包括衣身结构和局部设计，实际上也就是组合形式和细节造型设计。

第一节 服装廓形设计

谈到廓形，不得不提到一位设计大师——"时装帝王"克里斯汀·迪奥。第二次世界大战之后，资源匮乏，人们经历过战火的煎熬，渴望回归和平安宁的环境。迪奥为此设计了一个"X"造型的女装系列，轰动了整个时装界，即"NEW LOOK"。随后，迪奥相继推出了更多以字母命名的廓形系列。这几乎是一场"廓形革命"，廓形的变化主宰了当时的时尚潮流，更重要的是为 20 世纪的现代服装造型设计打开了全新的局面，随后的几十年也成为时装史上廓形变化最丰富的一段时光(图 2–1–1)。

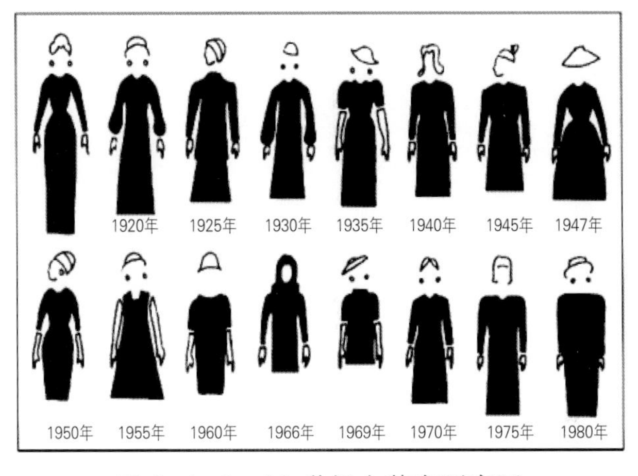

图 2–1–1 20 世纪女装廓形变迁

"廓形"也叫轮廓线，它就像是一个剪影，从正面或侧面将服装造型简单地概括出来。由于廓形忽略了细节，突出了服装立体形态特点，容易给人留下深刻的印象。所以，在进行流行预测或趋势发布时，常常少不了提及它。在服装造型设计时，廓形是首先要考虑的因素，其次才是分割线、领型、袖型等内部的造型(图 2–1–2)。

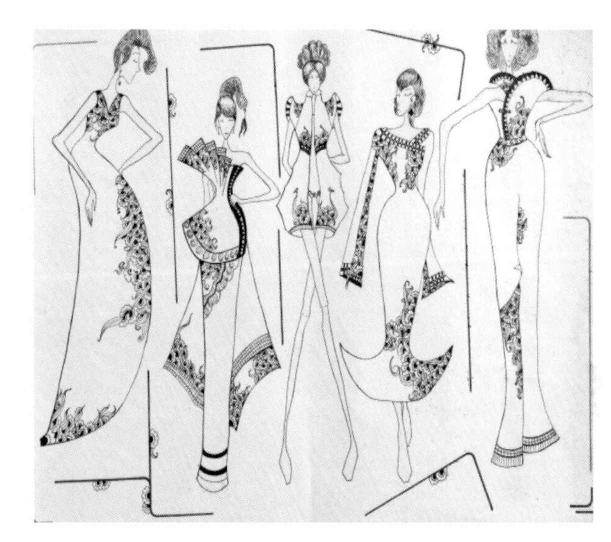

图 2–1–2 形态迥异的廓形(张海霞作品)

一、廓形的基本形态

廓形设计时，往往从字母、几何形或自然物体中借鉴基本形态，比如 A 形、X 形、S 形等属于字母形态；倒梯形、扇形等属于几何形态；伞形、纺锤形、铅笔形、郁金香形等属于物体形态。一般情况下，可将服装分为四种基本廓形：A 形、H 形、V 形、X 形(图 2–1–3)。

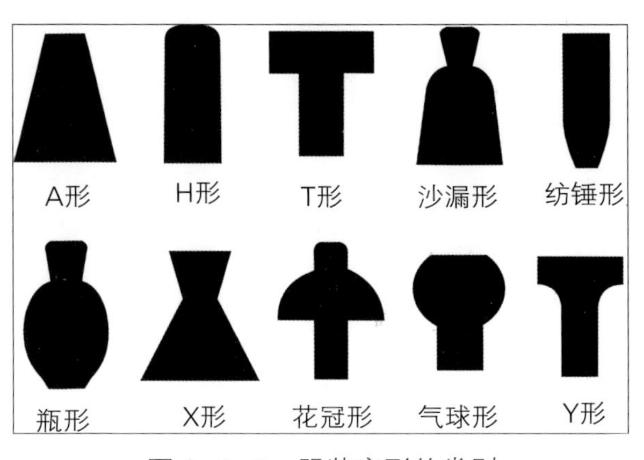

图 2–1–3 服装廓形的类别

（一）A 形廓形

A 形是一种上窄下宽的造型，以平直轮廓线条居多。通过缩小肩部，夸大下摆，上身紧小合体，下身夸张膨胀，形成上紧下丰的外观效果。在现代服装中，这种造型由克里斯汀·迪奥首次推出。由于整个廓形恰似一个大写的字母“A”，故而得名。女装大衣、连衣裙、短裙中经常采用 A 形廓形。男装中的斗篷、喇叭裤也属于这类廓形(图 2–1–4)。

图 2–1–4　A 形廓形(唐琪琪作品)

（二）H 形廓形

该廓形的外轮廓犹如矩形，故以字母“H”命名。从肩、胸、腰至臀和下摆，几乎是等宽造型，轮廓线条平直，整体简洁挺拔。这种廓形因为放松了腰围，即便是合体的造型，也会比较宽松舒适(图 2–1–5)。

图 2–1–5　H 形廓形(叶林作品)

（三）V 形廓形

V 形是一种男性化廓形，夸张肩部，收紧下摆，整体呈倒三角造型，有时也演变成“Y”形或“T”形。通常肩部向两侧和上部伸展，显得上重下轻，增加了一种稳定感和权威感。20 世纪 80 年代的职业女装常见此类廓形(图 2–1–6)。

图 2–1–6　V 形廓形(王辉作品)

（四）X 形廓形

X 形廓形是最为典型的女性化廓形，通过三围的宽窄变化，丰胸、细腰、宽臀和夸大下摆的造型，获得“X”形的曲线造型。这种廓形强调横向的收缩与扩张，突出身体曲线，具有纤细、窈窕的女性气质，最适合腰部线条优美的女性。

历史上，X 形廓形一直是西洋女装的主流造型。它起始于 14 世纪欧洲文艺复兴时期，在 18 世纪洛可可时期和 19 世纪浪漫主义时期最为盛行（图 2–1–7）。

图 2–1–7　X 形廓形（张慧作品）

（五）特殊廓形

1. 沙漏形

一种经典的礼服廓形，盛行于 1890–1910 年。紧身胸衣将胸部托起，腰腹收紧，通过裙撑或堆积的裙褶来夸张臀部的后翘造型，后来的设计师也时常设计一些此类造型的作品（图 2–1–8）。

图 2–1–8　沙漏形（白雪作品）

2. 鱼尾形

一种突出女性曲线的流线型廓形，膝盖以上部分紧身贴体，膝盖以下加大，裙摆展开，犹如美人鱼般体态婀娜，亭亭玉立（图 2–1–9）。

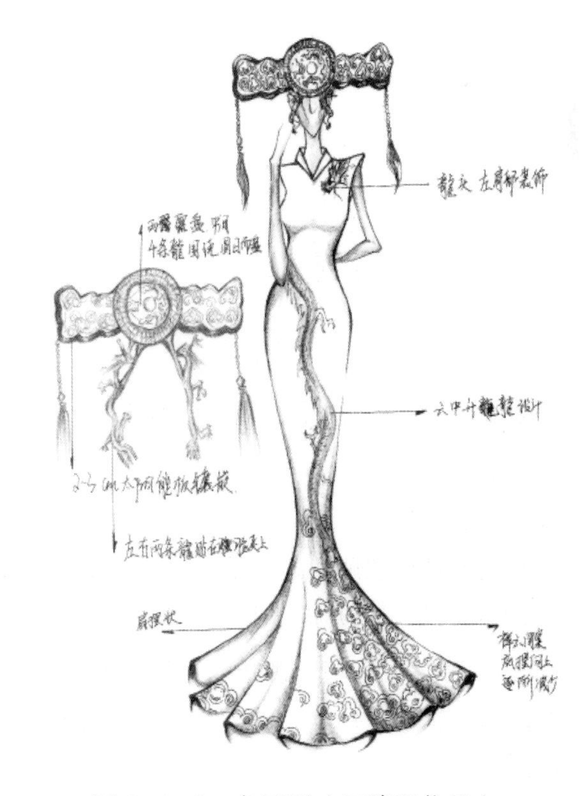

图 2–1–9　鱼尾形（王建明作品）

3. 斗篷形

就像斗篷披在身上后呈现的廓形，也称钟形。顶部拱起，下摆宽大，服装的形态掩盖了身体的形态（图 2–1–10）。

图 2–1–10　斗篷形（王辉作品）

4. O 形

O 形是一种上下收紧，中间向外膨胀的廓形，也称灯笼形。圆肩，肥大的衣身，收紧的下摆，形态圆润夸张，体积感强（图 2–1–11）。

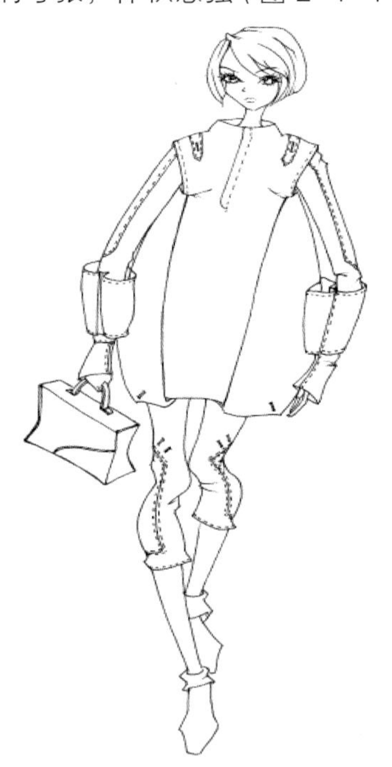

图 2–1–11　O 形（王辉作品）

5. 其他廓形

除了以上这几类外，还可以设计出许多特殊的廓形。可以说世界上有多少形态，就会有多少廓形。无论是有机形态，如树叶形、葫芦形、水滴形；还是抽象形态，如星形、扇形，都是创造特殊廓形的绝佳蓝本（图 2–1–12）。

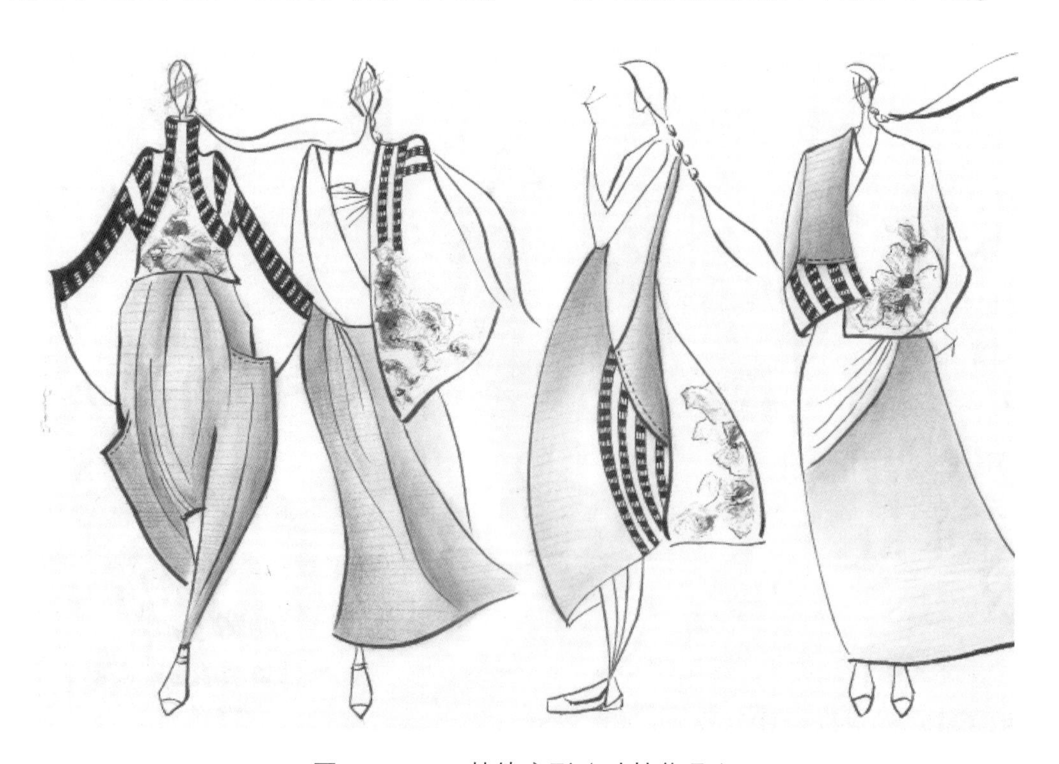

图 2–1–12　其他廓形（叶林作品）

二、基本廓形的变化

服装廓形千变万化，但都离不开人体的基本形态，其中决定外形线变化的主要部分是肩部、腰部和下摆。例如腰部是服装廓形中举足轻重的部位，其中腰部的松紧度和腰线的高低，是影响造型的主要因素。腰部从宽松到束紧的变化可以直接影响到服装造型从 H 形向 X 形的改变。而肩部和下摆的宽窄组合变化，则形成宽肩窄摆 (V 形)、窄肩宽摆 (A 形)、肩摆同宽 (H 形) 等多种廓形。

在基本廓形基础上，设计师往往继续深入，可进行线型、体积、比例、组合等的变化，使得廓形呈现更丰富的外观。因此，设计师应对廓形有敏锐的观察能力和分析能力，从而可以自如地创造廓形和控制廓形。

1. 造型线变化

轮廓造型线可以是直线，也可以是曲线。不同走势的线条会出现不同的外部形态。例如，基本廓形为直线的 X 形，在改变其侧面线条后，可以形成喇叭形、沙漏形、哑铃形等多样化的 X 造型，原来抽象的形态就增加了一丝情趣 (图 2–1–13)。

图 2–1–13　廓形造型线变化

除了两侧造型线外，肩部也是一个造型线变化的重点。肩部线条可以变化成平肩、圆肩、翘肩和耸肩等形式 (图 2–1–14)。

2. 体积变化

造型中的体量增减，可以控制体积感的变化。一般贴体型的造型体积量最小，廓形特点不明显，对身材要求较高；适体型的造型体积量适中，有明显廓形特点，适合大多数人穿着；夸张型的造型体积量最大，廓形特征突出，适合特殊场合穿着 (图 2–1–15)。

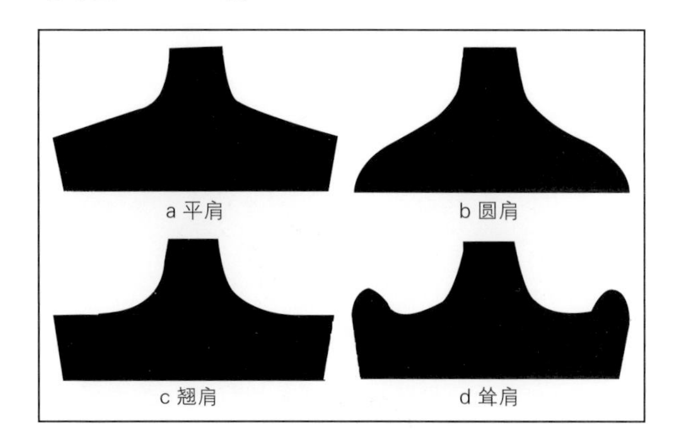

图 2–1–14　肩部廓形的变化

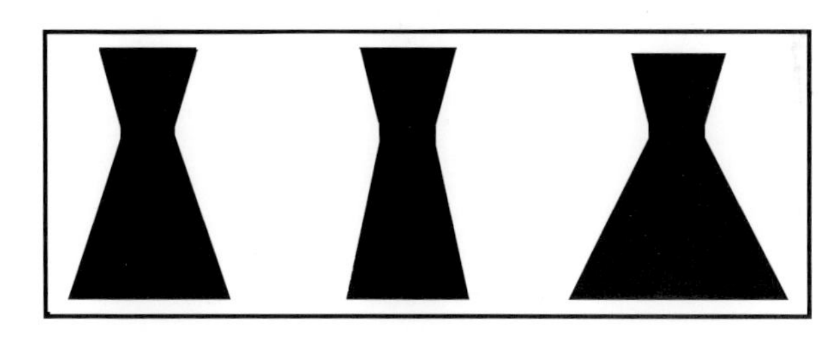

图 2–1–15　廓形体积变化

3. 比例变化

腰节线高度的不同变化可形成高腰式、中腰式、低腰式等服装，腰线的高低变化可直接改变服装的上下比例关系，表达出迥异的造型特点 (图 2–1–16) 。

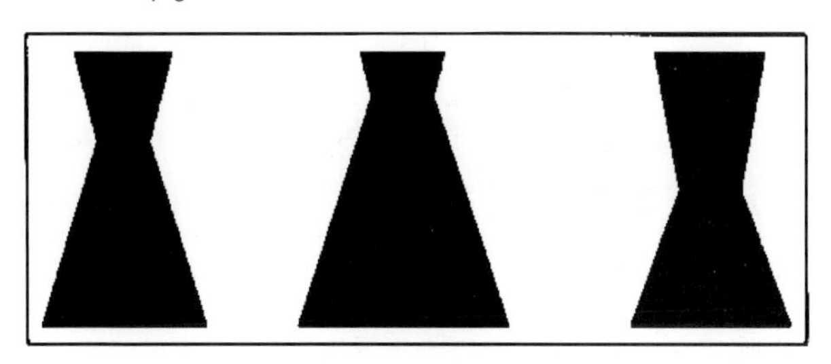

图 2–1–16　廓形比例变化

4. 廓形组合变化

服装的廓形不是固定的。设计时既可以在 A、H、V、X 这四种基本廓形上变化，也可以将这些廓形相互加减、组合，形成更多富有创意的造型 (图 2–1–17)。

图 2–1–17　廓形组合变化（陈云琴作品）

第二节　服装衣身结构设计

“廓形”是服装外造型，与之相对的还有内造型，内造型主要是指内部结构和局部部件造型。其中结构是造型的骨架，也是极具表现力的设计要素。许多设计师都曾热衷于结构的创新和表现，如日本设计师三宅一生、山本耀司等都是这方面的高手。结构的设计变化主要有省道、分割、褶裥、填充等手法。

一、省道

省道是服装设计的重要技术要素，对设计师理解服装三维结构有着重要的作用。在服装史上，省道的出现是一个伟大的转折，它将服装从平面宽衣时代带进了立体窄衣时代。在哥特时期之前，西方的服装和东方类似，采用直线裁剪，平面结构，服装整体宽松。即使有收腰的设计，也是直接在左右侧缝处挖掉一些来实现的，服装并不能从立体空间的角度符合人体。哥特时期采用了新的方法，在前后左右多个位置将服装与身体之间多出的余量收缝掉，形成贴合人体的服装外观，这种收缝余量的方法就是省道。

省道一般用在人体凹凸的部位，如胸、腰、臀、肘等部位，通过收缝一定形状的面料，获得凸起和凹进的立体造型。省道的位置多变，比如体现胸部凸起的省道，可以从肩、领口、袖窿、侧缝、门襟等不同部位设计，都能达到相同的合体效果。省道的名称多是根据它所在的位置来区分的，从肩部取省的叫肩省，从腰部取省的叫腰省，从袖窿取省的叫袖窿省（图 2–2–1）。

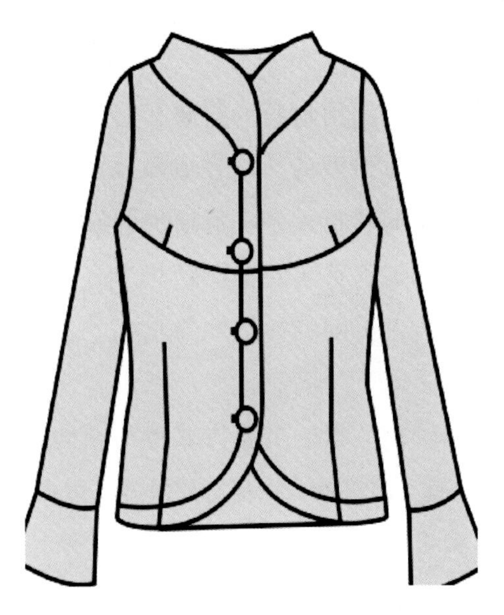

图 2–2–1 不同位置的省道

图 2–2–2 分割形成的结构线块面变化（周慧丽作品）

省道的角度一般配合省位来调节，可以是横向的，也可以是纵向的或斜向的。省道的形状分为直线省和曲线省，直线省道构成直面造型，曲线省道构成弧面造型。

二、分割

分割是在省道基础上发展起来的服装造型手法，它能更有效地实现二维向三维转化。同时，分割拼合后必然产生一条缝合线，这条缝合线被称为分割线或者结构线。由分割而产生了结构线和块面，这样就必然出现比例、线条造型、块面组合等多种设计变化（图 2–2–2）。

分割线根据线型分为直线分割、折线分割和曲线分割。直线分割给人简洁有力之感；折线分割则有跳跃的节奏感；曲线分割自然流畅、轻盈柔美，最适合体现女性温柔的一面（图 2–2–3）。

图 2–2–3 分割线的线型变化（闫梦娇作品）

分割线根据角度分为横向分割、竖向分割和斜向分割。横向分割看起来舒缓，有水平延展的感觉；竖向分割挺拔，有纵向拉伸的感觉；斜向分割常用来设计不对称的造型，比较别致（图 2–2–4）。

图 2-2-4　分割线的角度变化（张慧作品）

三、褶裥

褶裥是利用材料的折叠和材料自身的扩张来获得立体造型的。与省道和分割相比，褶裥更具有面的转折关系，能增加服装造型的立体感和层次感。不同的褶裥还能产生相应的质地变化，给人不同的视觉和触觉感受，比如轻重感、软硬感、厚薄感、凹凸感、光泽感等。褶裥种类较多，根据折叠方式分为顺向褶、阴阳褶、碎褶、波形褶、抓褶等。根据宽窄分为宽褶、窄褶和细褶。根据数量分为单褶、双褶、多褶和百褶等（图 2-2-5）。

四、填充

大家回想一下穿过的羽绒服，就能立刻明白

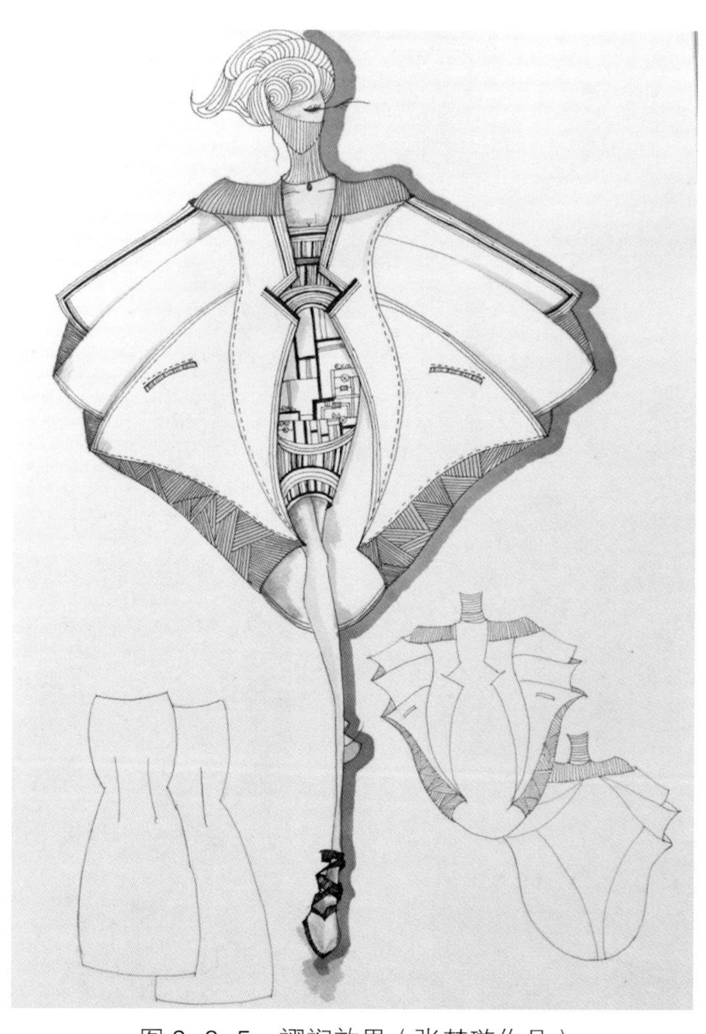

图 2-2-5　褶裥效果（张梦璇作品）

填充造型的感觉了。在服装的夹层中填加一定的材料，就可以在需要的位置膨胀起来。填充的方法虽然简单，却非常有特点，表现出来的风格也多种多样（图 2–2–6）。

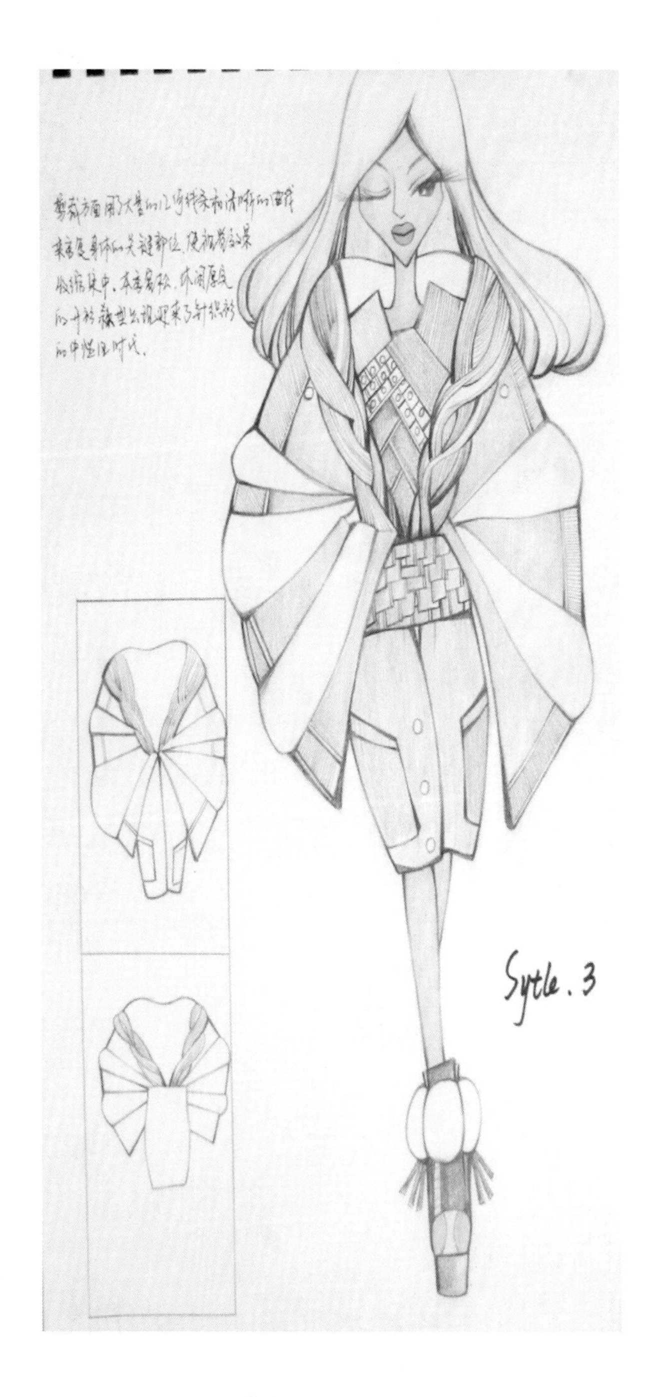

图 2–2–6　填充效果（谢红丽作品）

第三节　服装局部造型设计

在服装造型设计中，局部造型是更需要推敲和品味的地方。独具匠心的局部设计，往往就是一件作品中最精彩的焦点。通常服装的局部设计包括衣领、衣袖、口袋、门襟等部件。

一、衣领造型设计

衣领是最靠近脸的部件，也是视线最容易光顾的地方。常见的衣领造型包括：无领、立领、翻领和驳领。但实际上，设计师常常会突破这些常规的形式，创造一些似是而非的特殊结构。

1．无领

这类领型没有单独的衣领裁片，只有领口。所以，领口的造型线（也叫领线）设计就显得比较重要了。不同的领线会对脸型的视觉效果产生影响，不同的领线也会形成不同的美感。

无领当中还有一类特殊的情况，如连身领。连身领虽然没有独立的衣领， 但是其将衣身在领部延伸，形成类似领子的造型效果。这类领子特别适合用立体裁剪的方法造型，而且变化较为丰富（图 2–3–1）。

2．立领

立领是一种领片竖立在领口位置的领型，也称竖领。由于衣领呈树立的造型，所以给人以挺拔、严谨的感觉。在造型中，立领竖立的角度可以通过变化，形成直立领、敞口立领、贴颈立领等形式。立领的领型也是设计变化的重点，例如：圆角的旗袍领，方角的学生领，前端折角的翼领。立领还可以延伸加长，形成飘带领、围巾领；立领加高加宽，形成卷筒领或堆积领（图 2–3–2）。

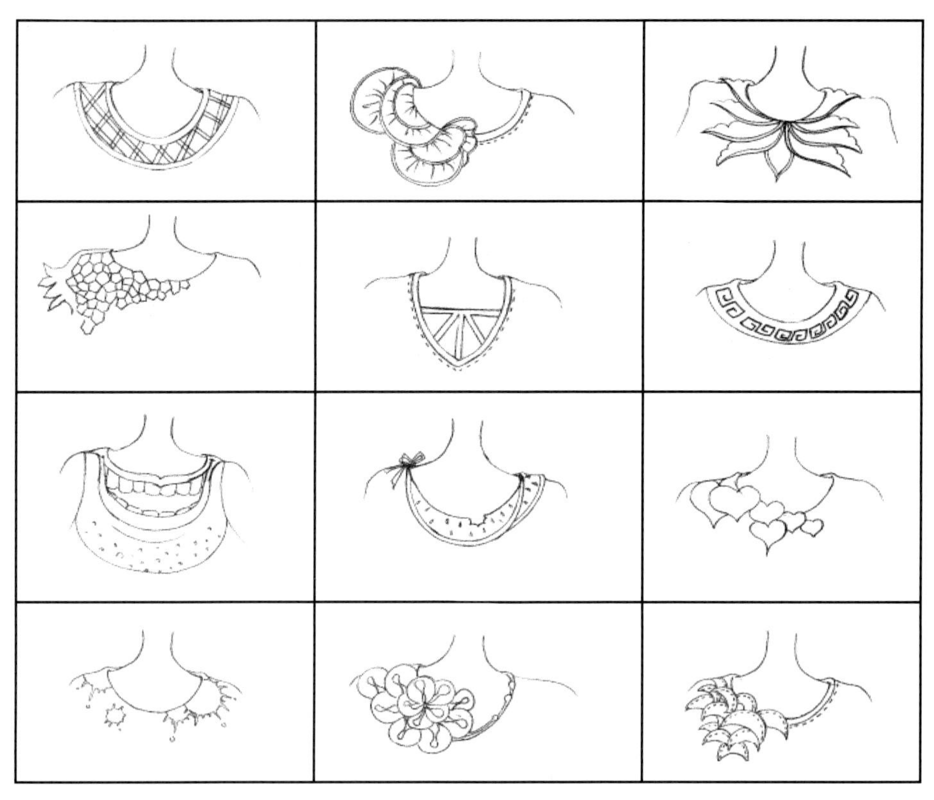

图 2–3–1　无领的各种变化

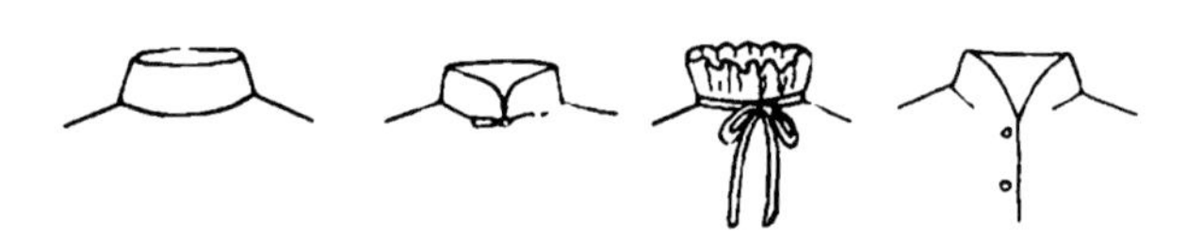

图 2–3–2　立领的各种变化

3. 翻领

翻领是将领片向外翻折的一种领型，它一般有两种形式。一种形式是衣领由领座与领面两部分构成，称为立翻领。最常见的立翻领就是衬衫领，这类领型较为合体、严谨，属于常规结构。另一种形式是领片为完整的一片，自然翻折形成翻领。这类领型变化较多，翻折程度可以平坦也可以高耸，领面可大可小，可方可圆，外形设计较为自由 (图 2–3–3)。

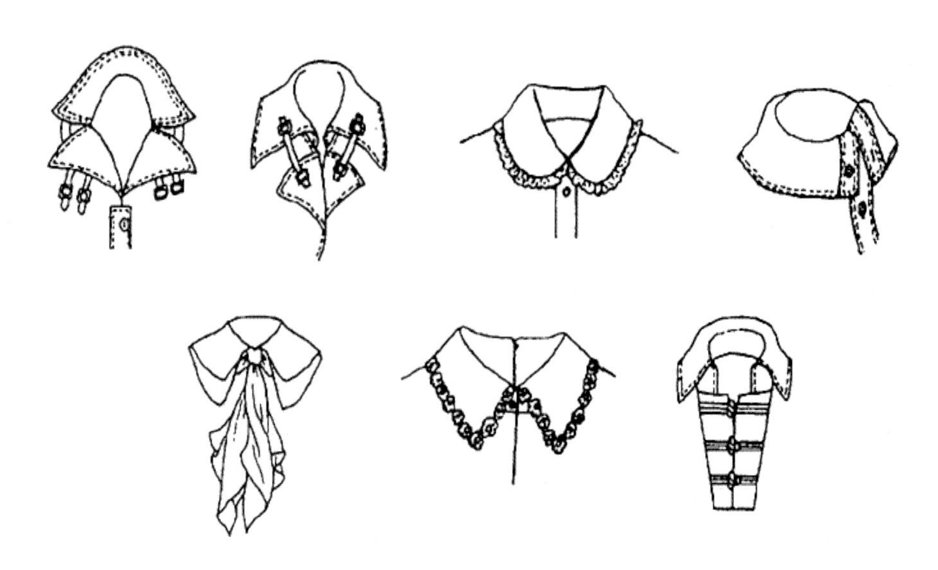

图 2–3–3　翻领的各种变化

4. 驳领

驳领主要用于西装，所以通俗的说法也叫西服领。因为衣领由驳头和翻领两部分组成，故而称为驳领。常见的驳领主要有八字领、戗驳领、连驳领、青果领（或叫丝瓜领）。驳领的开口呈 V 字形，驳头平坦，翻领服贴，给人以庄重、简练、规整的感觉。设计时，虽然整体结构稳定，但是衣领的形态、宽窄、驳头的高低等都可以形成变化（图 2–3–4）。

图 2–3–4 驳领的各种变化

5. 连帽领

连帽领是将帽子装于领口的一类常见领型，放下时形成类似衣领的造型，戴在头上形成风帽，多用于休闲服装。这类领型的造型较为固定，设计重点常放在领片的分割或工艺处理上（图 2–3–5）。

6. 特殊领型

除了上述常规结构的衣领外，设计师们更喜欢塑造一些与众不同的造型。这类领型富有创意，造型大胆夸张，设计上没有太多限制（图 2–3–6)。

图 2–3–5 连帽领

图 2-3-6　特殊领型

二、衣袖造型设计

衣袖是自肩部而下包裹手臂的服装部件，由袖山、袖身和袖口三部分组成，这三部分的变化和组合，使得袖子造型变化丰富。由于手臂的活动范围较大，袖子的造型设计还必须符合人体运动的需要。同时，袖子与衣身紧密相连，衣袖与衣身整体的造型也要协调一致。

（1）衣袖按照袖长分：无袖、短袖、中袖、七分袖、九分袖、长袖和加长袖等。

（2）衣袖按照合体程度分：紧身袖、合体袖和宽松袖等。

（3）衣袖按照袖片分割分：一片袖、两片袖、三片袖和多片袖等。

（4）衣袖按照外形轮廓分：灯笼袖、羊腿袖、喇叭袖、酒杯袖等。

（5）衣袖按照衣袖结构分：无袖、连身袖、装袖和插肩袖等。

1．肩袖

肩袖也称无袖，因为其没有具体的袖型而袒露肩部。仅在袖窿处进行工艺处理或装饰点缀（图 2-3-7）。

2．连身袖

这种袖子与衣身连成一片，中国古代的服装基本上都是连身袖，这类袖子剪裁简单。衣袖宽大舒适，尤其是士大夫阶层的衣袖大多宽大飘逸，所谓“两袖清风”就是对这种袖子的描写。由于

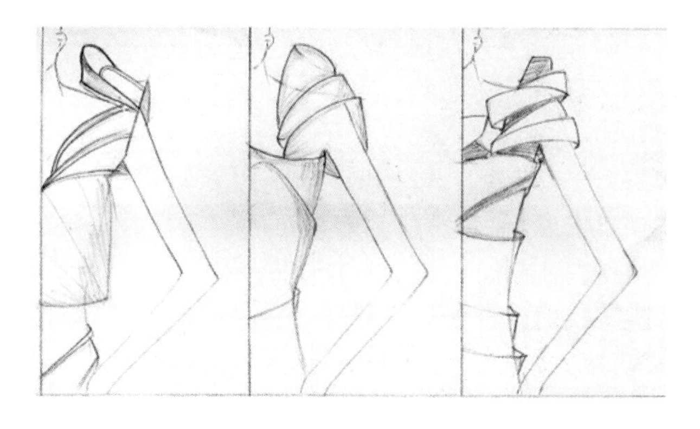

图 2–3–7 肩袖

肩部没有分割，连身袖的肩头造型圆滑柔和，腋下容易显现衣纹褶皱。在现代服装中，连身袖并非都是宽大的，精确的裁剪技术可以让连身袖同样达到紧身合体的造型 (图 2–3–8) 。

图 2–3–8 连身袖

3. 装袖

装袖的样式较多，这类袖子单独剪裁后，缝装在衣身上，故称装袖。装袖最早出现在 12 世纪的西方，当时的贵族喜爱用厚实的织锦制作服装，衣身和袖子都非常合体，但为了保证运动的需要，就在肩关节的位置留出缝隙，然后用绳带连接起来，这样袖子就可以装卸了。自此，西方服装的袖子就大多采用装袖的形式，独立剪裁的方式更适合进行各种造型和结构设计 (图 2–3–9)。

4. 插肩袖

插肩袖是介于装袖和连身袖之间的一种结构，袖子与衣身不是在肩头相连，而是从腋下向

图 2–3–9 装袖

上斜插至领口的位置。插肩袖的这种结构，使肩头没有分割，肩部造型比较圆润。插肩袖的结构缝一般设计在领口至腋下，这种称为全插肩袖。还可以设计在肩部至腋下，称为半插肩袖。且插肩袖结构缝的线形也可以是直线、弧线、折线或一些复杂的曲线 (图 2–3–10)。

图 2–3–10 插肩袖

5. 特殊袖型

以上四类属于袖子的常规结构，多见于日常服装。而在创意设计中，却是没有既定法则的，不需要约束在固定的造型样式中。比如采用逆向思维的方式，可以将原来缝合的地方敞开，原来敞开的地方缝合，肩头可以绽开，袖口从袖身中间开出。此外，衣袖的存在只是视觉上的判断，与衣身脱离的套袖、宽大的披肩也会获得袖子的印象 (图 2–3–11)。

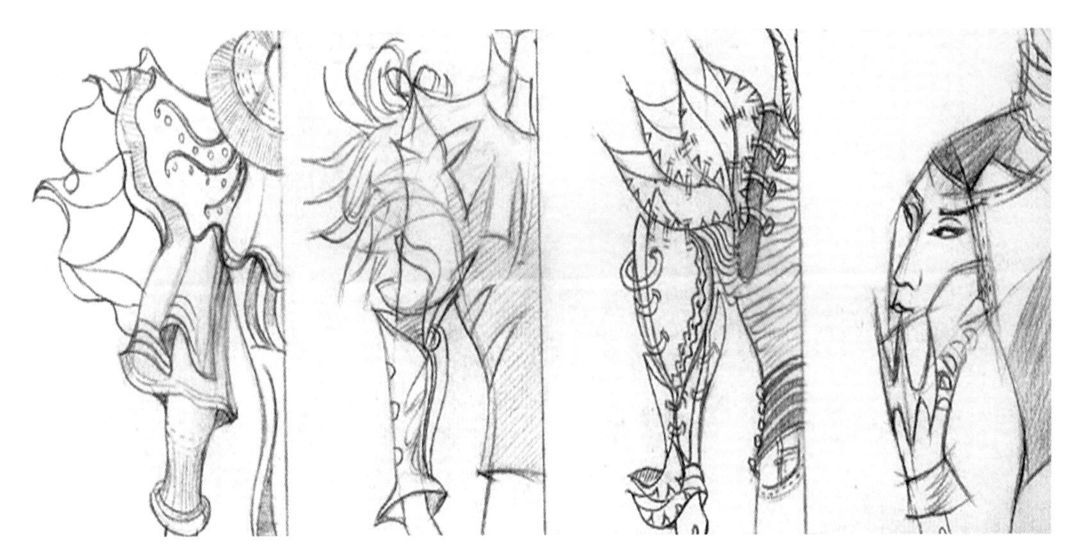

图 2-3-11　特殊袖型

三、口袋的设计

口袋是一个非常特殊的部件，它既可以很张扬，独立地去表达服装的风格和个性。也可以默默无声，隐藏在衣身的结构之中。口袋主要的功能是插手和装东西，“功能决定形式”，休闲装和工装的很多口袋结构就是基于这个原则而设计的。但是，随着时尚的演变，有些服装的口袋功能已经退化，而主要为了体现服装的装饰效果。

常见的口袋按结构分为贴袋、开袋和插袋。按照里外位置，分为外袋和里袋。按照立体造型，分为平口袋和立体口袋（图 2-3-12）。

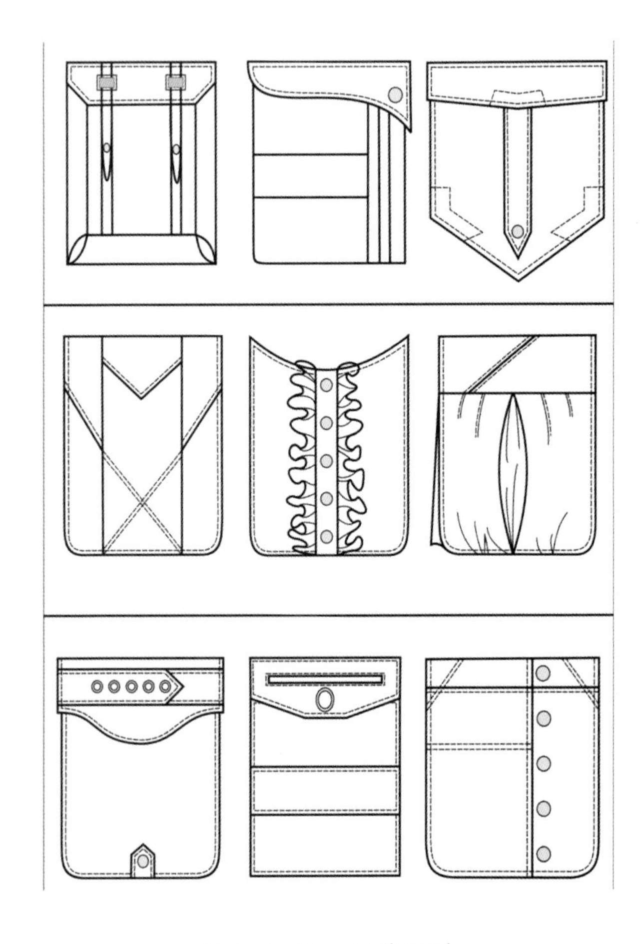

图 2-3-12　口袋设计

四、其他部件设计

1. 门襟

门襟是为了方便服装穿脱而设计的开口，它与领子直接相连，对衣身的平衡起着重要作用。门襟根据对称形式分为对称式和非对称式门襟，根据钮扣分为单排扣、双排扣和特殊扣式门襟。中国清朝时期的服装门襟式样较多，有大襟、对襟、一字襟、琵琶襟、八字襟等(图 2-3-13)。

2. 下摆

下摆是衣服最底端的边缘，对服装造型起到收或放的作用（图 2-3-14）。

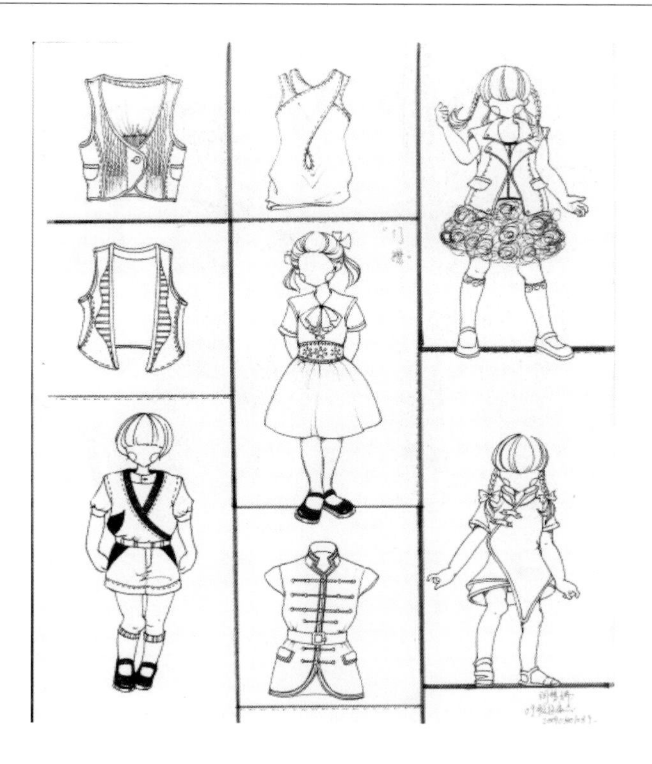

图 2-3-13 门襟设计（闫梦娇作品）

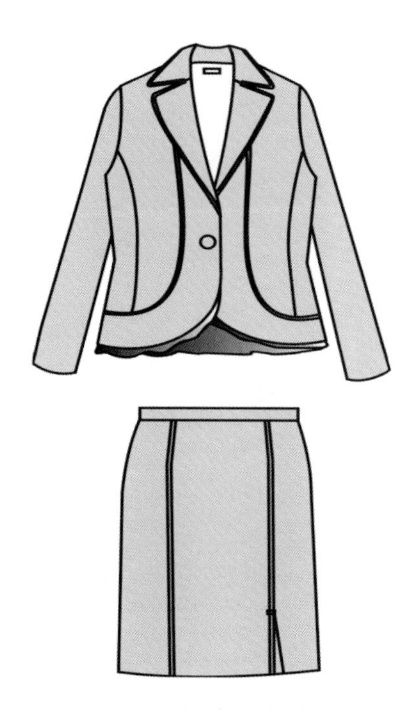

图 2-3-14 下摆

3. 袢带

袢带在服装中起到固定、扣紧和装饰的作用，一般出现在肩头、袖口、下摆、腰部等位置（图 2-3-15）。

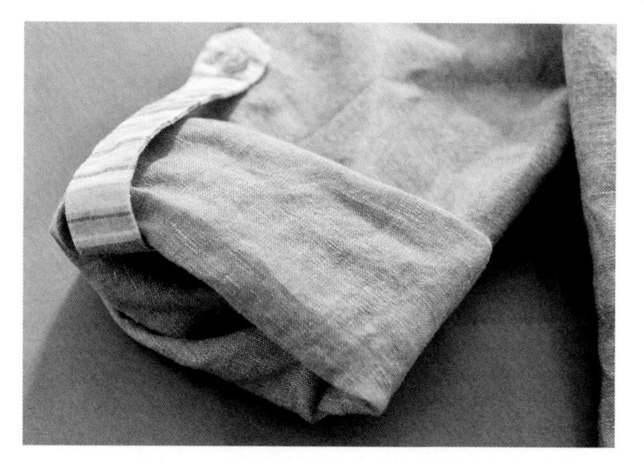

图 2-3-15 袢带设计

4. 开衩

开衩最初是为了紧身服装的穿脱和运动方便而设计的，通常领口、袖口、裙摆、合体外套的衣摆等处都会有开衩的设计。据说，哥特时期的外套袖子为了合体，从袖肘到袖口开衩，然后布满扣子并扣紧，扣子一般多达二十个左右。开衩作为一种调节的部件一直保留在现代服装之中（图 2-3-16）。

图 2-3-16 袖口开衩

5. 袖口与裤脚

袖口和裤脚是袖子和裤腿的末端，因四肢的

活动，而常常被注意到。因此，这两个部位也常常会有很别致的设计，与整体相互呼应（图2-3-17）。

图 2-3-17　裤口与裤脚

第三章　服装图案设计

“只有热爱色彩的人才会真正领会色彩的美与内涵。色彩可供所有人使用，然而只有热心研究的人才会领悟其更深的奥秘。”

——约翰内斯·伊顿

服装图案是指服装上具有一定图案结构规律的装饰图形和纹样。服装图案是服装设计不可缺少的艺术表现语言，是赋予物品的一种美的形式。服装图案与装潢图案、广告图案、家具图案、建筑图案的艺术内涵是一致的，基础知识与设计法则也有共同之处，区别在于服装图案有着特定的装饰对象、用途和工艺制作手段。

服装图案设计的学习可以从图案基础知识部分开始，掌握它的规律、方法和技巧，并逐步结合服装，运用到服装设计中去。

第一节 图案的构成

图案的构成是在实际应用过程中经验和规律的总结。配合服装设计的需要，设计图案时要明确图案的装饰部位，明确骨架结构，然后再填充适合的内容。根据图案构图的特点，可分为单独图案、适合图案和连续图案。

一、单独图案

单独图案，在组织构成形式和图形应用上具有不同程度的独立性和完整性，是一切图案的基础，也是组成其他图案，如适合图案、连续图案等的最基础的构成因素。单独图案根据服装的造型特征及服装风格可作或简或繁，或大或小的多种变化，具有较大的灵活性，并因其所在部位和图案形式的关系显得醒目突出。

单独图案一般有对称式、均衡式两种基本形式。

1. 对称式图案

对称式图案是指在图案组织上以中轴线或中心点为基准，左右两边完全相同(图3-1-1)。对称式图案以其理性和秩序的造型构成画面的安定整齐、稳定大方。对于造型独特或需要呈现特殊装饰效果的图案主要采用转移印花、电脑绣花等较为灵活的生产工艺。

图3-1-1 对称式图案(陈菲作品)

2. 均衡式图案

均衡式图案是指在图案组织中，采用不对称的组织形式，在使图案重心保持平衡的前提下，可以任意构图。均衡式图案生动活泼、富有变化、韵律感强(图3-1-2)。

图3-1-2 均衡式图案(杨溢蓬作品)

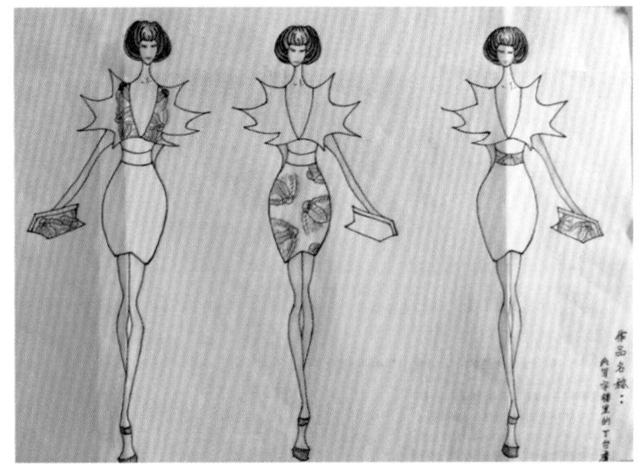

图 3–1–3 适合图案（宋慧霞作品）

二、适合图案

适合图案是指图案的组织结构，依据不同的内容适合于某种图形之中，如圆形、方形、三角形、菱形等（图 3–1–3）。适合图案属于填充图案，在构成上具有一定程度的局限性。因此在设计时应做到主题突出、疏密均匀、布局灵活、形象变化丰富多样，使纹样充分适应各种特定的形状和空间。

三、连续图案

连续图案是以一个或一组基本纹样为单位重复排列而形成的无限循环的图案，一般可分为二方连续图案和四方连续图案两类。

1. 二方连续图案

二方连续图案又称带状图案或花边图案，是用一个或多个单独纹样，向上下或左右两个方向作反复循环，连续而成的图案。上下排列为竖式二方连续，左右排列为横式二方连续。二方连续图案具有较强的秩序感、节奏感，在服装中较多地应用于边饰，如领口、袖口、下摆、裤脚边等（图 3–1–4）。

图 3–1–4 二方连续图案（杨溢蓬作品）

2. 四方连续图案

四方连续是一个纹样单位能向四周重复地连续和延伸扩展的图案。其最大特点是图案的四边可以相接，并能无穷尽地反复。在连续时要注意主要纹样与次要纹样之间的对比关系，合理自然地进行图案的衔接和穿插。四方连续是装饰大面积空间的一种重要手段，各类纺织织物上的印花、织花及服装花纹面料大多属于四方连续（图 3–1–5）。

图 3–1–5 四方连续图案（边畅作品）

第二节 图案的分类

一、具象图案

具象图案是对已有的具体形象的变形和概括，是一种模仿自然的行为，使人们能一目了然并能加以指认的图案。具象图案是服装图案中较为常见的图案样式。具象图案所涵盖的内容十分丰富且各具特色，主要包括花卉、动物、人物、风景、器物等造型元素。

1. 花卉图案

由于花卉图案的灵活性特点，其在服装中运用得十分广泛，从便装到礼服，从女装到男装等，都将丰富多样的花卉图案作为装饰。花卉图案有着独特多变的风格面貌，其形象有写实的、夸张的、抽象的等多种表现形式(图3-2-1)。

2. 动物图案

动物图案是指以动物形状为原型表现出来的纹样(图3-2-2)。动物形态艺术形象的表现主要采用写实手法和夸张手法。写实手法是将动物形态如实地表现在服装上，强调一种野性美、自然美。夸张手法主要是对动物形体以及具有代表性的局部进行处理，以抽象的形式表现出来。

3. 人物图案

现代服装图案中，人物图案也占有很大的比例。人物造型的表现可以是以各种变形手法塑造的人物形象，或者是具有照片效果的各种明星肖像和绘画人物等。在人物图案设计过程中，各种设计手段的运用既要符合消费者的审美意识，还要符合图案的创造规律(图3-2-3)。

4. 风景图案

风景图案，即取风景的一部分作为图案，表现的是一种富有想象力和意境的美。其特点在于它的装饰性，画面上不受“时空”限制，可尽情自由地发挥主观想象，随意灵活地表现对象。风景图案题材非常广泛，可以是现代城市风景、园林建筑，也可以是美丽的自然风光、名胜古迹等(图3-2-4)。

5. 器物图案

器物以其丰富多样的造型特色和文化社会表象，一直是艺术家乐于表现的题材。日常生活中的汽车、飞机、餐具、文具、瓶罐、各种球类、乐器等都可作为服装图案使用(图3-2-5、图3-2-6)。

图3-2-1 花卉图案(叶林作品)

图 3–2–2　动物图案（边畅作品）

图 3–2–3　人物图案（李宁品牌）

图 3–2–4　风景图案（吴梦瑶作品）

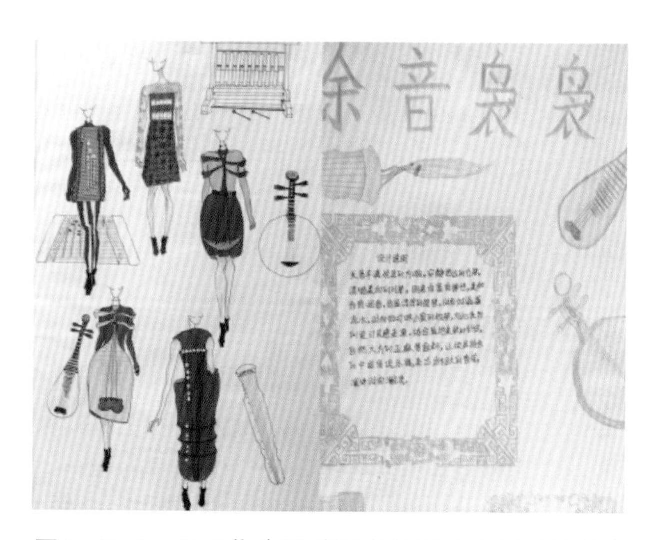

图 3–2–5　乐器作为服装图案使用（宫晨晨作品）

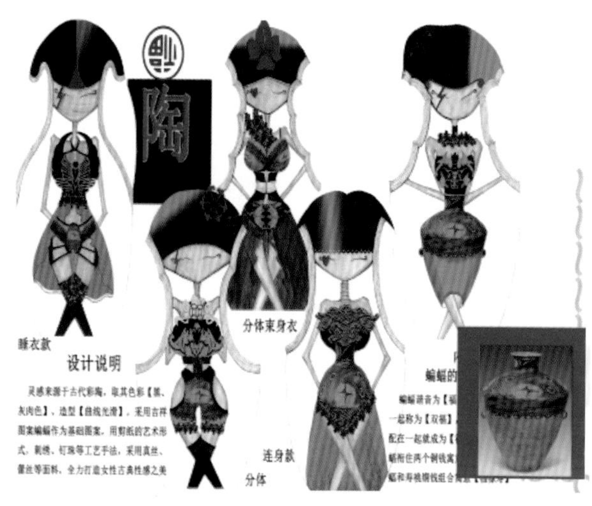

图 3–2–6　瓶罐作为服装图案使用（周慧丽作品）

二、抽象图案

抽象图案是相对于植物、动物、人物等以具体形态为素材元素的具象图案而言。这部分图案基本以点、线、面等几何形态为主要表现对象，并按照形式美法则组成图案。抽象图案主要有条纹图案、格子图案、点状图案、肌理图案、几何图案等。

1. 条纹图案

条纹图案是世界上运用得最早、最广泛的抽象图案之一。当开始学会纺织时，人们就懂得用色织的方法织出各种各样的条纹图案，世界上差不多每一个民族都有本民族特色的条纹图案。

条纹图案以其简洁的几何图形和内在的无数种不同的韵律，一直都在流行，它不像一些具象的花卉图案那样易于过时。从心理学上分析，条纹给人以秩序感，能把混乱的事物变得很有条理性，给人们以严谨、严肃、有条理的感觉(图 3-2-7)。

图 3-2-7　条纹图案(王映雪作品)

2. 格子图案

格子图案有着独特的文化内涵与视觉形态，且有着悠久的历史，各个时代的设计师不断以此为灵感进行设计。格子图案种类繁多而风貌不一，有苏格兰格子、千鸟格子、雅格狮丹格子、方腿格子等。格子图案通过宽窄、角度、疏密、色彩以及与其他元素的组合变化，被广泛地应用于服装设计中(图 3-2-8)。

图 3-2-8　格子图案

3. 点状图案

点状图案在服装图案中的使用不及条纹和格子那么广泛。点状图案最为常见的形式是圆点，通过其大小变化和规律的排列，获得动感和节奏感(图 3-2-9)。

4. 肌理图案

肌理图案是对面料的再加工处理，从而创造出一种新的富有视觉、触觉、质感化的图案形式。肌理图案的表现，强调的是材料的运用和手段的表达，不同材质和手段呈现的视觉特征是丰富多样的(图 3-2-10)。

图 3-2-9　点状图案（马亚楠作品）

5. 几何图案

几何图案是以几何形如方形、圆形、三角形、多边形等为基础，以点、线为基本元素，经过组织和变化而形成。几何图案在创作过程中表现手法多样，具有强烈的形式感，成为服装图案中强大的流行力量（图 3-2-11）。

三、传统图案

传统图案代表着一个时期的文化和审美，具有经典的含义。现代服装设计中，传统图案的题材十分广泛，有中国吉祥图案（龙凤、云纹、喜鹊、梅花、莲花等）、缠枝花图案、团花图案、佩兹利图案等。今天的佩兹利图案渗透在各种服饰设计中，成为世界性图案，被喻为是最具有传统经典与现代时尚的两重特性的图案（图 3-2-12）。

图 3-2-10　肌理图案（徐嘉悦作品）

图 3-2-11 几何图案（于梦娇作品）

图 3-2-12 传统图案（任金娜作品）

四、流行图案

在每一个时代，服装设计中都有广为传播的流行图案，成为一个时代的时尚标志。其主要包括文字图案、绘画风格图案、动物纹饰图案。

1. 文字图案

文字本身就是图案，这是现今纺织品面料设计中一种时尚而广泛运用的纹样。文字作为装饰图案的一种出现在服装中，有字母、数字、文字等不同种类。文字具有丰富的表现性和极大的灵活性，既可以单独使用，也可和其他造型元素（如花卉、动物等）相结合（图 3-2-13）。

图 3-2-13 文字图案

2. 绘画风格图案

绘画风格图案是指将绘画流派作品直接应用于服装上，图案醒目而充满艺术感染力，成为时尚服装中的亮点。随着现代数码印花技术的应用，古典名画可在瞬间呈现在服装上（图 3-2-14）。

图 3-2-14 绘画风格图案（陈云琴作品）

3. 动物纹饰图案

动物纹饰图案是指将豹、虎、斑马、蛇、鳄鱼、鹿等的天然毛皮纹理进行组合变化后运用于服装上的一种图案。如图 3-2-15 所示，动物纹饰图案自然野趣、温暖柔和，具有现代和时尚的气息。

图 3-2-15 动物纹饰图案（叶林作品）

第三节 服饰图案与其他设计要素的关系

一、服饰图案与服装造型的关系

服装造型是整个服装形象的“基础形”，是服装与人体结合的特定空间形式。服装造型在很大程度上限定了服饰图案的形态格局和风格倾向。服饰图案设计就好像作“适合纹样”图案一样，必须接受服装造型的限定，并且以相应的形式去体现其限定性。不同的造型赋予服装不同的特点，服饰图案设计应该根据不同的服装造型在形式上做出相应变化，力求以最贴切的形式融入服装造型的形式格局，与之保持形式意味上的一致倾向。例如，造型宽松的服装，随人体运动的幅度相对大些，可供装饰的面积也大，同时给人以宽大洒脱的感觉，所以服饰图案的构图可以随意奔放，布局可以疏松宽大，色彩可以鲜艳明快。而造型紧身修长的服装，可以采用边饰或局部装饰，即使采用整体装饰，其形式格调也倾向于平和适中，尽量使图案形象能够与服装造型乃至人体的结构特点相吻合，以免削弱造型风格中所显露的自然体态的优美韵味。服饰图案还要与服装结构相适合，如装袖服装胸部面积相对较大，图案形式可相对自由。但如果是插肩袖，则一般采用弧形、自由形图案比较协调，如果用直线形如三角形、方形就会感觉紧张、局促（图 3-3-1)。

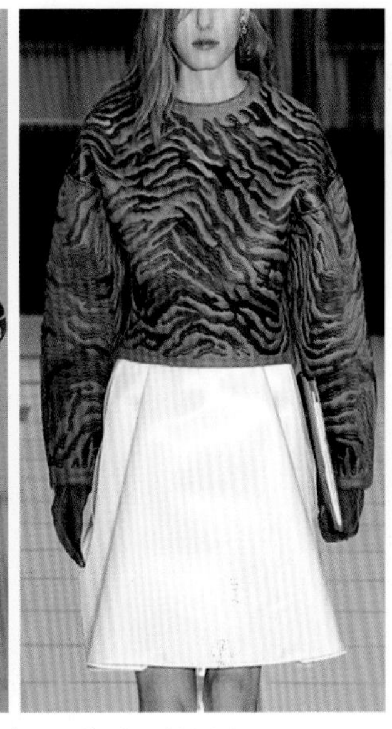

图 3-3-1 服饰图案与服装造型的关系

二、服饰图案与服装色彩的关系

服装色彩对服饰图案也有明显的影响。当服装色彩比较暗淡时，通常会采用比较醒目的图案设计，以打破由于色彩暗淡造成的沉闷感，增加服装的层次感。当服装色彩比较鲜亮时，图案的色彩可以使用鲜亮色或者沉静色，使用鲜亮色可使服装更加亮丽，这在轻快风格和前卫风格服装中经常使用，使用沉静色则会使服装活泼中带一丝稳重。

局部装饰或相拼图案可以衬托服装色彩。一般而言，色彩沉稳或者色彩变化少的服装，图案可以多一些，复杂一些。只要图案的位置、数量、大小得当，就可以与服装色彩相互呼应、相得益彰。但是，如果图案的数量多到在服装上整体采用图案，那么由于图案形象如天女散花般满眼皆是，就会使人的视线散开去从而极大减弱服装色彩。

图案的色彩、大小以及排列形式带给人不同的视觉冲击，通常色彩单一的服装上经常采用大、密、艳的图案，使得图案能够引导视线，形成装饰中心，在服装上显示出明朗艳丽的视觉效果。否则服装色彩复杂，如果再配以复杂而显眼的服饰图案，那么就会使得整套服装感觉混乱。

还有一些图案既能减弱又能加强服装色彩。如彩格图案、彩条图案、花点图案等，根据其图案的不同以及在服装上不同的运用，对服装色彩会有不同的影响。如色彩鲜艳、条格清晰的彩格图案面料会弱化服装色彩，而用同样的彩条图案经过拼接或局部装饰运用在服装上则可以加强服装色彩(图 3-3-2)。

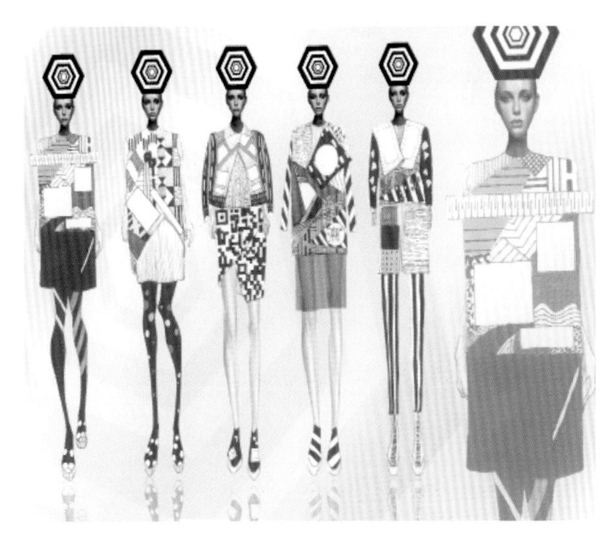

图 3-3-2 服饰图案与服装色彩的关系
（张鑫作品）

三、服饰图案与工艺方法的关系

服饰图案虽然在设计时往往绘在纸上，但是最终在服装上的表现是通过不同的工艺实现的。

因而在设计时还必须考虑工艺的特性和制约，使图案能体现工艺之所长而避工艺之所短，通过最佳的表现形式来体现设计目的和要求。工艺制作往往对图案会有很大的制约性，图案设计必须符合生产工艺、生产条件及生产技术方面的可行性等要求。图案的整体构思与设计是在工艺技术条件的制约下进行的，不是纯绘画性的表现。同时，有些制作工艺对设计起到充实和发展的作用，它往往能超越纸面效果，在制作过程中出现意想不到的表现形式。比如电脑喷绘图案，它有着其他表现手法不可替代的特点和优越性，相对其他手绘技法，它的表现更细腻真实，可以超写实地表现物象，达到以假乱真的画面效果。因此，对于准备使用此种工艺手法的图案，设计师可以比较随心所欲地进行设计。再比如泡沫印花，印制的织物色泽鲜艳，手感柔软，耐水洗和干洗，特别适用于圆网印花，对于稳定性要求较高的服装，设计师可以选用这种图案。还有蜡染中的偶然性冰纹、手绘过程中类似泼墨的自然形态等，这些效果不是画出来的，完全是依靠制作工艺的特点形成的。此外，图案设计的实现工艺还要受产品成本的制约，要结合工艺生产上的要求，做到适用于生产（图 3–3–3）。

图 3–3–3　服饰图案与工艺方法的关系

第四节　服饰图案的表现形式

一、用面料图案表现

用面料现有的图案表现是图案在服装中运用的最普遍形式。面料中的图案风格，往往会左右着服装的整体风格，或动或静、或清新典雅、或活泼艳丽，均可通过不同图案的面料直接表现出来。不同图案的面料有不同的风格倾向，其可以更加有力地把着装者的兴趣、爱好、性格等展现出来。有时还可以表现出时代、民族、地域性等的差异性，而且随性别、年龄和着装场所不同而各有不同。面料图案不仅应用在其主调上，而且也在配色、材质、纹样的大小、纹样表现的技术等方面影响着着装场合(图 3–4–1)。

二、用印花形式表现

印花形式表现的图案是指通过各种印花手段，将图案印制在服装的面料上，起到美化服装的装饰作用。它不同于批量的面料印染，而是将图案手工印制在单件服装的裁片上，单色、套色均可，通常是将面料裁好，再将图案印制在需要部位，如旗袍、套装、晚礼服、表演装等。现在经常使用的技术是丝网印花、泡沫印花、转移印花等。一件普通的服装，通过印花工艺处理，在服饰图案的衬托下，可以具有较为强烈的视觉效果(图 3–4–2)。

三、用工艺形式表现

工艺形式主要包括抽纱、刺绣、编结、包边、镂空、抽褶、缝合线迹等。用工艺形式形成的图

图 3-4-1 用面料图案表现（刘霞作品）

图 3-4-2 用印花形式表现

案对服装进行美化装饰，可以提高服装的品质和档次。如通过雕绣、网绣、机绣、勾针、挑花、抽丝、针结等工艺手段，使服装具有高雅、华美、精致的艺术品味。尤其是带有手工图案的服装一般都品质较好，价格不菲。某些传统工艺还有针法之分，结合运用不同的针法，可以表现出层次感、虚实感、厚重感、纤细感等不同的风格特点。工艺手法图案应用于现代服装，为服装的艺术化、高档化提供了广阔的发展空间(图3-4-3)。

图3-4-3　用工艺形式表现

四、用手绘形式表现

手绘形式是指用毛笔或其他工具调合染料，并在服装上直接把所要的图案画出来，然后经过高温固色定型，使图案固定在服装上。因为基本不受工艺限制，手绘形式相对比较自由，可以根据个人喜好和设计要求画出任意图形。或工笔、或写意、或抽象、或具象，笔到之处皆有独特的韵味。比如可以像写意国画一样在服装上画出山水、花鸟等，也可以画出工笔古代人物。但是手绘的随心所欲、挥洒自如必须以扎实的绘画基本功为基础，否则，可能让人感觉笔法不地道、表现力度不够（图3-4-4）。

五、用防染手法表现

用防染手法表现的图案是指通过民间蜡染、扎染手法来形成图案。通过防染手段在服装上形成图案能使服装具有虚实相映的肌理效果。蜡染一般按照意愿事先选好图案，用染料将图案在面料上画出来，通过层层封蜡将画好的图案封住，然后在需要的地方搓蜡得到不同的蜡纹，最后再去蜡固色，蜡染的图案相对比较规整，主要是体现纹理变化。扎染则是首先按要求将布料用不同的手法扎起来，然后浸在染料里得到不同的纹理图案，扎染的图案往往具有一定的偶然性，也正因此，扎染的图案相对比较抽象灵活(图3-4-5)。

图 3–4–4 用手绘形式表现（李荣作品）

图 3–4–5 用防染手法表现

六、用服饰配件表现

服饰配件的范围很广，如项链、戒指、手镯、耳环、包带、鞋帽、眼镜、发饰、手套等。将配件的造型依据图案的形式加以排列制作，再配以与服装整体风格相协调的色泽和质地，配件就会成为服装上活动的图案装饰，起到衬托主题、集中视线的作用。与其他手法形成的图案相比，用服饰配件表现的图案更加灵活生动（图 3–4–6）。

图 3-4-6　用服饰配件表现

七、用拼贴手法表现

用拼贴手法表现图案是指将图案形象剪贴拼接，然后缝制在服装上的表现手法。这种方法效果简洁明朗、整体明快醒目，装饰性强。拼贴是根据构思，利用原材料的性能和色彩，按装饰部位的造型需要剪出图案形状，再拼贴成完整的造型，经过制作缝合在服装上形成服饰图案。拼贴图案有时可用双层面料在中间加少许弹力棉等填料，经锁扣针缝制，再加以装饰线迹，具有浅浮雕的装饰效果。有时可将纹样分条或错位拼贴，使装饰形象更丰富别致。拼贴的面料与服装及饰品的面料可以用同一种材料，也可以用几种材料混合表现。拼贴是童装图案经常用的手法（图 3-4-7）。

图 3-4-7　用拼贴手法表现

第四章　系列服装设计

“几何风格最简单而又最重要的艺术图案最初是由柳枝和纺织技术产生的。”

——阿洛瓦 · 里格尔

第一节 系列服装设计概述

一、系列服装设计的定义

系列是表达一类产品中具有相同或相似的元素，并以一定的次序和内部关联性构成各自完整而又相互有联系的产品或作品的形式。服装是款式、色彩、材料的统一体，这三者之间的协调组合是一个综合运用关系。其包括造型与色彩、造型与材料、色彩与材料三方面的互换运用，如款式、色彩相同，面料不同，或者款式不同，面料、色彩相同等。在进行两套以上服装设计时，用这三方面去贯穿不同的设计，每一套服装中在三者之间寻找某种关联性，这就是系列服装设计(图 4–1–1)。

二、系列服装设计的原则

优秀的系列服装产品应该层次分明、主题突出，既使产品款式变化丰富又要统一有序，这是系列服装设计的主要原则。

首先，系列服装设计必须统一。比如，服装企业的服装产品各有特点，每个款式单品都非常完整，构思巧妙，但是，产品与产品之间却缺少某种关联性，所有的设计产品如同一盘散沙。统一就是在系列产品中有一种或几种共同元素，将这个系列串联起来使它们成为一个整体。要做到统一而有变化，就要对产品的某一种特征反复地以不同的方式强调。

其次，系列服装设计要主题突出。主题突出就是要强调设计中有价值的设计元素，这个设计元素可以是一种色彩、一种工艺或者是一种图案等。只要它具有比较突出的吸引消费者的特点，就可以成为一个系列的主要元素。有些服装产品也具有连贯变化的设计元素，但是它偏离主题或设计表达力度不够，就不能达到设计目标的预想效果。

最后，系列服装设计要层次分明。即要求在系列服装产品中有主打产品、衬托产品、延伸产

图 4–1–1　系列服装设计（赵元元作品）

品等。主打产品是设计最精彩、最完整的产品，它使设计点很完美地展现出来；衬托产品则相对弱一点，它的作用就是衬托主打产品；延伸产品就是把主打产品的精彩之处进行延伸变化，以强化整体的分量。

三、系列服装设计的内容

系列服装设计首先也要遵循服装设计的“5W”条件（什么人穿 Who，什么时候穿 When，什么地方穿 Where，穿什么服装 What，为了什么穿 Why），然后在此基础上根据具体设计要求完成设计的系列化。系列设计的内容主要包括确定设计主题、风格定位、品类定位、品质定位和技术定位。

1. 设计主题

主题是服装精神内涵的表现和传达。主题可以对服装系列设计进行宏观的把握，是设计的深层的东西。不论采用何种设计方式，只要围绕主题展开，让作品的各方面因素全部融合于主题内容之中，作品就会有某种能够征服人的精神韵味，设计师就可以通过作品主题的外化与消费者进行沟通和交流。无论是实用服装系列设计还是创意服装系列设计，都离不开设计主题的确定，这是设计开始的基础。有了设计主题，就为设计确定了明确的设计方向，否则会使设计犹如大海捞针，漫无目的。主题的确定是决定设计好坏的关键，好的主题可以开启设计师的设计灵感，为设计注入新颖的内容。如设计主题是“休闲空间”，那么设计的思维就会从生活方式、社会趋势等层层推演展开，再从中提炼出最能反映“休闲”的元素进行组合，以此形成系列。

2. 风格定位

从构思开始的那一刻就要对服装风格进行准确定位，这也是系列设计成败的关键。在设计进行的过程中对成组或成系列服装的风格的感觉、表现、控制和把握要一致。

以艺术类创意为主题的设计，必须在构思上灵活大胆，强调独创性，突出超前意识，注重创造力的发挥。以实用类创意为主题的设计则注重市场化的创意，并从批量生产方面思考其工艺的流程和具有可操作性的规范技术。上述两类设计都需要结合流行趋势，在品味、格调和细节的变化上下功夫。

3. 品类定位

系列服装在确定服装的设计主题和设计风格以后，还要确定系列服装的品种种类、系列作品的色调、主要的装饰手段、各系列主要的细部以及系列作品的选材和面料等。如设计系列是以裙套装为主，还是以裤装为主，或者是裙装与裤装的交叉搭配等。此外，是否需要佩饰，佩饰的材质、来源等都要考虑周全。

4. 品质定位

品质定位决定系列服装所用面、辅料的档次。在系列服装的主题、风格以及品类等确定以后，对服装的品质希望达到或者能够达到的要求做一个综合考虑，以此来决定使用什么样的面料、辅料或者是否使用替代品等。这是对系列服装在成本价格上的限定，尤其在品牌系列设计中，是必须考虑的一个重要条件。

5. 技术定位

技术定位是指决定系列设计所使用的加工制作技术。在进行系列设计时，要考虑到设计的技术要求以及是否能够在现有的条件下实现这种要求。一般情况下尽量选用工艺简单又比较出效果的制作技术。创意系列设计要在可能实现的技术范围内才可自由发挥创造性，实用系列设计则是在考虑到尽可能降低成本，简化工序的基础上选用经济高效的制作技术。

第二节 系列服装设计的方法

一、整体系列法

整体系列法是指保持服装的整体表现特征一致或相近，并体现出同一风格和特点，从而使系列内服装的面貌具备较多共同特征的方法。这种系列法比较容易突出服装的系列感，强调统一性而弱化对比性，其结果是每套服装大同小异，一般比较适合用于风格比较稳重低调的实用服装。此时，可适当强调色彩和面料的变化，或者是加人一些面积较小但却较为出挑的细节，避免由于设计元素的过于统一而使得设计结果雷同或沉闷（图 4–2–1）。

二、形式美系列法

形式美系列法是指以某一形式美原理作为统领整个系列要素的系列设计方法。节奏、渐变、旋律、均衡、比例、统一、对比等形式美原理都可以用来作为系列化服装设计的要素。即对构成服装的廓形、零部件、图案、分割、装饰等元素进行符合形式美原理的综合布局，取得视觉上的系列感。比如，用对比的手法将服装的外部廓形和局部细节进行设计组合，使得每一单品均出现一种视觉效果十分强烈的对比性，整个系列给人一种活跃、动感、刺激的印象。形式美系列法在服装上应用时，必须以主要形式出现，形成鲜明的设计要点，成为整个系列设计的统一或对比要素，再经过服装造型和色彩的配合，就形成很强的系列感（图 4–2–2）。

图 4–2–1 整体系列法（闫梦娇作品）

图 4-2-2 形式美系列法（白雪作品）

三、廓形系列法

廓形系列法是指整个系列服装的外部造型一致，以突出廓形的统一为特征而形成系列的系列设计方法。这种系列服装设计可以在服装的局部结构上进行变化，如领口的高低、口袋的大小、袖子的长短、门襟的处理等进行变化与设计。服装的外造型虽然一致，但内部结构细节不同，使得整个系列服装在保持外轮廓特征一致的同时仍然有丰富的变化形式，以此来强调系列服装的表现力。廓形系列法要注意外部轮廓应该有较明显的统一特征，否则会显得杂乱无章，难以成系列。如果为了更突出系列性，在色彩的表现和面料的选用上也可使用某些同一元素，使服装的系列感更强（图 4-2-3）。

图 4-2-3 廓形系列法

四、细节系列法

细节系列法是指把服装中的某些细节作为关联性元素来统一系列中多套服装的系列设计方法。作为系列设计重点的细节要有足够的显示度，以压住其他设计元素。相同或相近的内部细节可利用各种搭配形式组合出丰富的变化。如通过改变细节的大小、厚薄、颜色和位置等，就可以使设计结果产生不同效果。比如，用立体的坦克袋作为系列设计的统一元素，就可以将口袋的位置进行变化性的位移设计，或者用大小搭配、色彩交叉等手法将其贯穿于所有设计之中（图 4–2–4）。

五、色彩系列法

色彩系列法是指以色彩作为系列服装中的统一设计元素的系列设计方法。这种色彩可以是单色，也可以是多色，贯穿于整个系列之中。由于色彩系列法容易使设计结果变得单调，因此，在廓形和细节等变化不大的情况下，可以适当地通过色彩的渐变、重复、相同、类似等变化，取得形式上的丰富感。色彩有色相、明度、纯度之分，还有有彩色和无彩色之分，所以，色彩系列法可据此分为色相系列、明度系列、纯度系列和无彩色系列。强调色彩是系列服装设计中经常用到的设计手法，它不仅能准确地

图 4–2–4　细节系列法（叶林作品）

表达流行中的主要内容——流行色彩，同时也增添了服装的魅力，丰富了服装的表现语言。色彩系列的手法是多种多样的，有的是在面料上进行穿插或呼应，使视觉效果更加丰富多彩；有的通过某种色彩的强调，形成一个系列服装的主要亮点（图 4-2-5）。

图 4-2-5　色彩系列法（张慧作品）

六、面料系列法

面料系列法是指利用面料的特色通过对比或组合去表现系列感的系列设计方法。通常情况下，当某种面料的外观特征十分鲜明时，其在系列表现中对造型或色彩的发挥可以比较随意，因为此时的面料特色已经足以担当起统领系列的任务，形成了视觉冲击力很强的系列感。比如有些本身肌理效果很强或者经过二次再造的面料，具有非常强烈的风格和特征，在设计时即使造型和色彩上没有太大的变化，也会有丰富的视觉效果。如果再通过造型的变化、色彩的合理表现，其系列效果就会有非常强烈的震撼力。所以，利用面料系列法设计时，对面料的选择相当重要，如果面料的特点不是很突出，没有较强的个性与风格，那么靠面料组成系列的服装其系列感就会比较弱甚至难以组成系列。例如，毛皮系列服装的其他构成要素再怎样变化，毛皮特有的材质感也会控制着整个系列的整体感觉（图 4-2-6）。

图 4-2-6 面料系列法（童心作品）

七、工艺系列法

工艺系列法是指强调服装的工艺特色，把工艺特色贯穿其间成为系列服装关联性的系列设计方法。工艺特色包括饰边、绣花、打褶、镂空、缉明线、装饰线、结构线等。工艺系列设计一般是在多套服装中反复应用同一种工艺手法，使之成为设计系列作品中最引入注目的设计内容。比如，镶边是传统工艺的一种，在系列设计时可在每一套服装上使用相同或类似的边饰，或者通过对镶边的色彩和布料质地的处理形成对比或者其他变化，以此丰富设计。同时由于镶边工艺的独特性，使之与其他设计元素相比较容易凸显效果，从而在设计中成为系列设计的统一统领元素。如果工艺特色仅仅是在服装上点缀一下而已，则不能形成服装的风格特色，就会成为一种附属（图 4-2-7）。

八、饰品系列法

饰品系列法是指通过强调与服装风格相配的饰品设计来取得形成系列服装的系列设计方法。面积较大且系列化的饰品可以烘托服装的设计效果，也可以改变服装的系列风格。用饰品来组成系列的服装大都款式简洁，然后大胆利用服饰品，突出服饰品装饰的作用，追求服饰风格的统一和别致。系列饰品可以是相同的，通过装饰位置的变化使得设计生动而有变化，人的目光会追随着相同的饰品在服装之间游移，产生一种韵律感。系列饰品也可以是不同的，一般是在系列服装的外形、细节等基本一致的情况下，通过饰品的运用来丰富设计，提高整体服装的审美价值。饰品系列设计的关键也要遵循统一中求变化、对比中求协调的法则，注意系列整体效果而不能随便添加。以此形式为

图 4-2-7　工艺系列法（张慧作品）

系列设计时，饰品在服装效果表现中要占到较大成分。

九、题材系列法

题材系列法是指利用某一特征鲜明的设计题材来作为系列服装表达其主题性面貌的系列设计方法。主题是服装设计的主要因素之一，任何设计都是对某种主题的表达。服装是由款式、色彩、材质组合而成，三者要协调统一就得有一个统一元素，这个统一元素就是设计的主题内容。它使得设计围绕主题进行造型、选择材料、搭配色彩，否则，造型、色彩、材质各自为政，就会使得系列设计缺乏主题而变得毫无意义。如主题为“以和平的名义”，那么所有的构思与灵感都要围绕“和平”的字眼，力求体现这个主题，然后根据自己的具体想法确定具体设计内容（图 4-2-8）。

十、品类系列法

品类系列法是指以相同的服装品类为主线，进行同品类单品产品开发并形成系列的系列设计方法。这一系列中的所有服装都是同一品类，这是企业在市场销售中经常使用的系列形式。比如裤装系列、衬衣系列、裙装系列、夹克系列等。为了让消费者有较大的选择余地，这些服装的面料、造型、工艺、装饰及风格等往往是不相同的，如果不是按照品类集中在一起，难以看出它们属于一个系列。为了以系列的面貌出现在零售中，在品牌服装的系列产品设计中，一般在这些不同品类之间也寻找某些关联性设计因素，使不同的品类之间可以有比较不错的可搭配性。如果这种系列法种类不断放大，则近似于一个品牌在策划一盘完整的货品（图 4-2-9）。

图 4-2-8 题材系列法（吴梦瑶作品）

图 4-2-9 品类系列法（边畅作品）

第三节 系列服装设计的要点

系列服装的设计步骤可因人而异，可以先有主题构思，后画出草图、效果图，再选择面料及缝制样衣。也可以在先确定材料的情况下，再进一步的构思设计。系列服装设计中需重点关注的要点主要包括以下 5 个方面。

一、系列设计效果图

系列设计效果图是表现已经构思的设计形式，其包括草图构思、人体动态构思、服装细节、着装效果以及绘画技巧和艺术效果的表达（图 4-3-1）。

二、系列设计款式图

完成人物着装后，还必须画出服装的正面或背面款式图。当效果图是正面时，就画出背面款式图，当效果图是背面时则画出正面款式图。一般款式图多采用以单线形式，整体大小比效果图小三分之二左右绘制出来。款式的比例尺寸、细节都必须能让打样师、工艺师所理解（图 4-3-2）。

图 4-3-1　系列设计效果图（吴梦瑶作品）

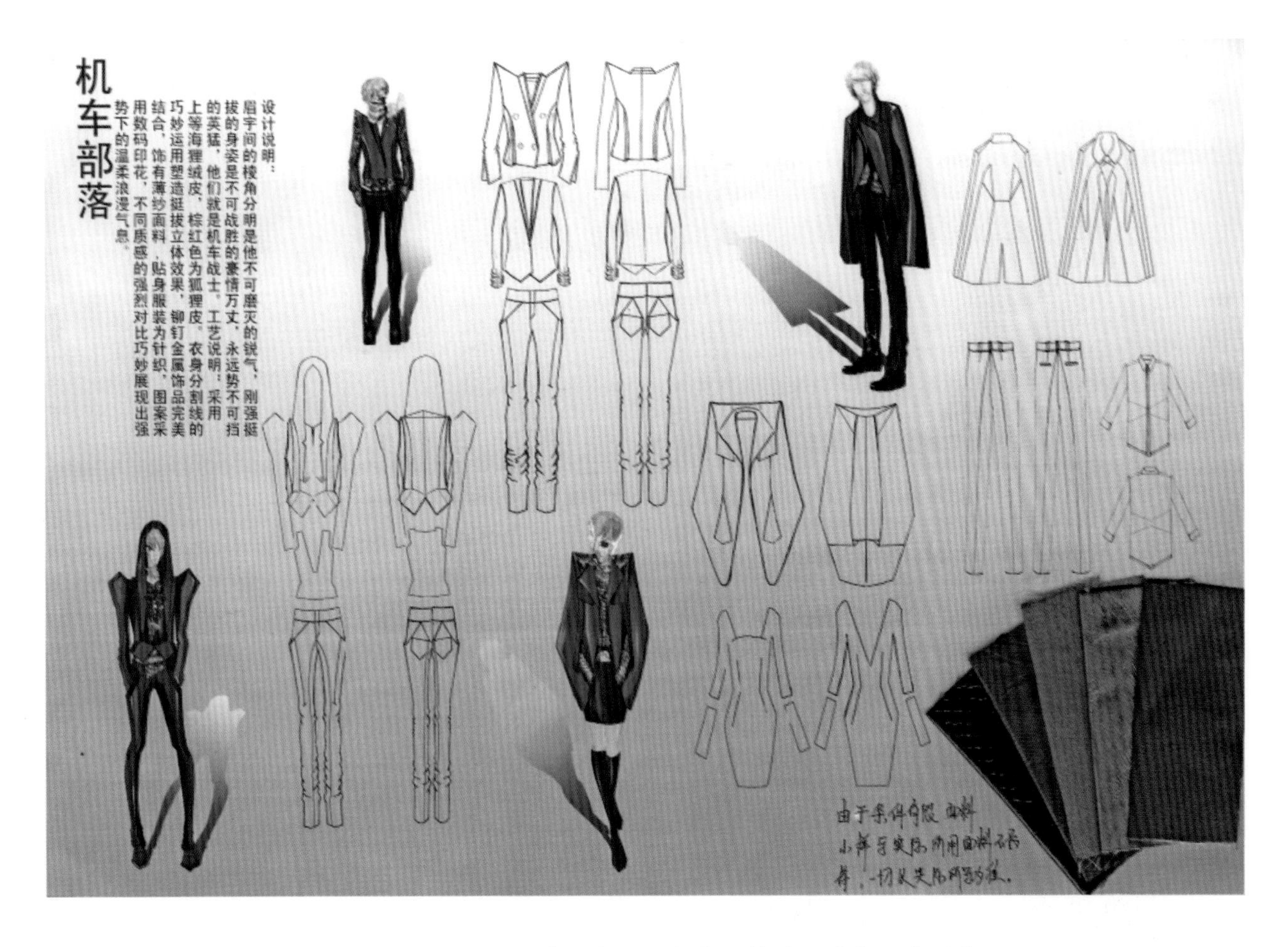

图 4–3–2　系列设计正面和背面款式图（白雪作品）

三、系列设计细节的表现

在系列设计中，有些特别复杂的款式局部无法表达清楚，则需在效果图相应的部位放大画出细节部件的要求，同时用几何线圈出，并用直线直接指向细节部位。效果图上有时还需贴有面、辅料小样（图 4–3–3）。

四、系列设计文字说明

一个系列的设计，应有相关的文字说明和文字主题名。它包括设计主题名、灵感来源、设计意图、规格尺寸、材料要求、面辅料种类和面料小样等说明。

五、系列设计样衣结构图

按效果图的款式，画出 1:5 的结构图，这是一般的参赛要求和学业学习阶段的任务。系列样衣在制作前要画出 1:1 的结构图，结构图也称为板型（图 4–3–4）。

图4-3-3　系列设计细节的表现(叶林作品)

图 4-3-4　系列设计结构图（陈云琴作品）

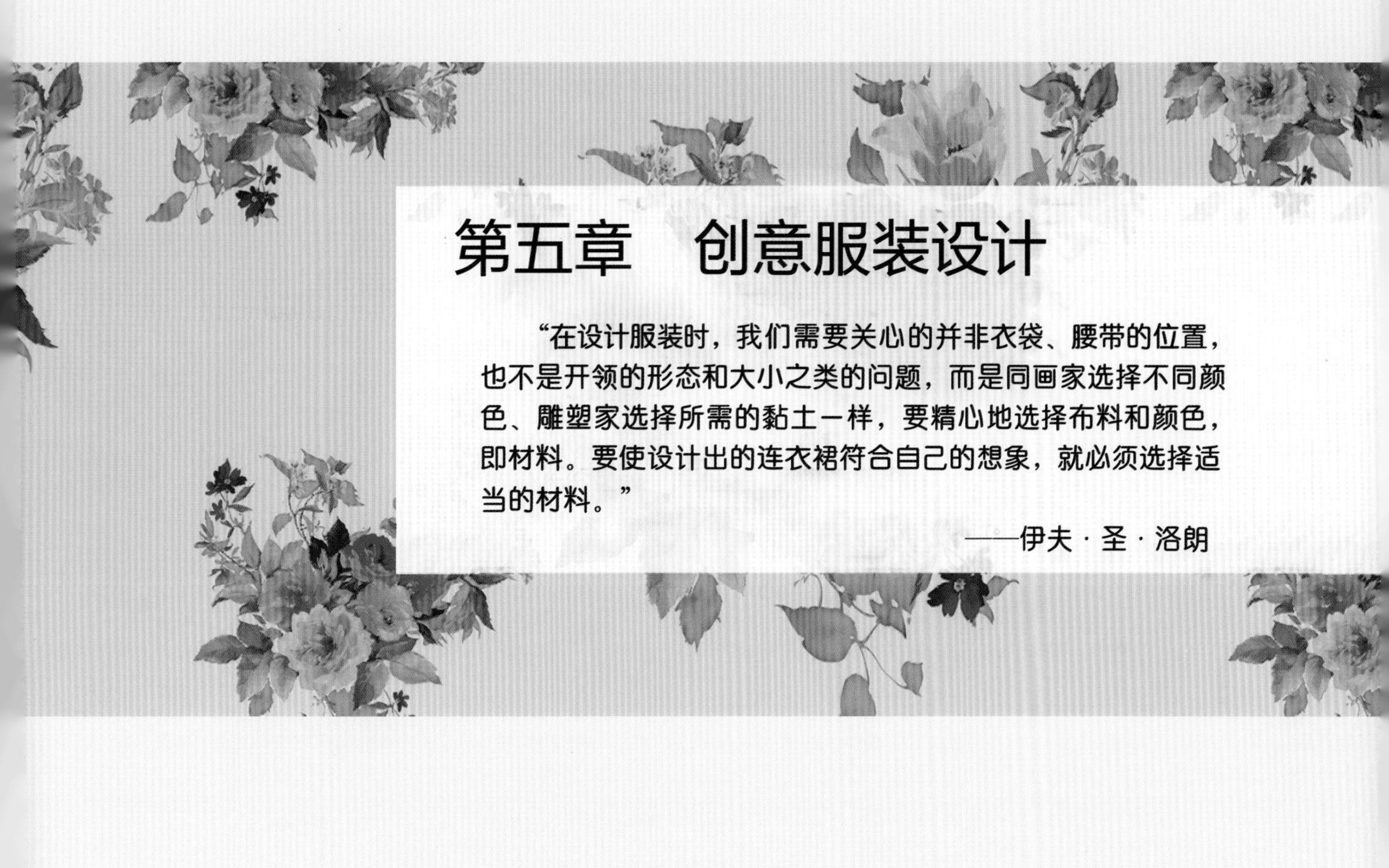

第五章　创意服装设计

“在设计服装时，我们需要关心的并非衣袋、腰带的位置，也不是开领的形态和大小之类的问题，而是同画家选择不同颜色、雕塑家选择所需的黏土一样，要精心地选择布料和颜色，即材料。要使设计出的连衣裙符合自己的想象，就必须选择适当的材料。”

——伊夫 · 圣 · 洛朗

创意服装是指区别于一般实用性服装，具有超前性或强调设计者个人风格的服装。它常常是设计者文化、艺术修养、创新意识和表现能力的集中反映。创意服装具有超前性，强调表现设计者的个人设计观点和风格，因此，创意服装一般都具有明确的主题和鲜明的个性。同时创意服装不受市场销售和实用功能的约束，设计者可以运用各种材料、各种工艺手段尽情地表达自己的创作意念。因此，创意服装一般都具有造型夸张、艺术感染力强的特点。同时为了进一步强化作品的设计主题、渲染作品的创作意境，创意服装展示时一般都会借助模特的表演动作、舞台（或展示台）的布景以及灯光和音响效果来烘托服装。

总之，要想获得创意服装设计的成功并不是一件容易的事，它不仅要求设计者具有相当程度的文化、艺术积累，还需要掌握一定的创作技巧。下面分别介绍几种创意服装设计的常用手法。

第一节 服装创意设计的方法

灵感既是思想的顿悟，也是思维的质的飞跃。在设计中，不管时装创意的灵感来源于哪一方面，都要以点、线、面、体和色的造型要素构成视觉形象，并经过造型要素的“组织”和“再组合”。也就是说，设计师通过某一灵感在大脑中树立了大体的服装设计模式后，其思维不会停留于既定的模式层面上，更不会雷同于别人创造出的服装形象，总要力求创新和寻求超越。因此，设计师可以利用各种创意设计的手法对现有的款式进行改造和注入新意。服装创意设计主要指从设计思维的角度对原有形态重新创造的方法。有时为了达到某种设计目的，就会从多种角度去思考设计问题。

一、同形异构法

同形异构法即利用服装上可变的设计要素，使一种服装外形衍生出很多种设计的方法。色彩、面料、结构、配件、装饰、搭配等服装设计要素都可以进行异构变化。如可以在其内部进行不同的分割设计，这需要充分把握好服装款式的结构设计。线条分割应合理、有序，使之与整体外形协调统一，或在基本不改变整体外形的前提下，对有关的局部进行改进处理。这种方法可以产生多种设计构思（图 5-1-1)。

图 5-1-1 同形异构法（赵元元作品）

二、以点带面法

这是一种局部设计的方法。从服装的某一个局部入手，再对服装整体和其他局部展开设计。日常生活中，善于发现美的设计师常会被某些精致的细节所吸引，从而引发出设计的灵感，将其经过一定的改进，用于设计新的服装，而其他部位都会依据细节造型特点和感觉进行相应设计(图 5-1-2)。

图 5-1-2　以图案的点带款式的面(叶林作品)

三、夸张法

夸张法是一种制造趣味性的设计方法，也是一种化平淡为神奇的设计方法。在设计中，常常对服装造型、色彩、面料材质进行夸张，从而强化设计作品的视觉效果，达到吸引人视线的目的。

1. 服装造型的夸张

服装造型夸张常常被用于服装的整体、局部造型。夸张不仅是把事物的状态放大，也包括缩小，从而造成视觉上的强化与弱化。夸张需要一个尺度，这是根据设计的目的决定的。在趋向极端的夸张设计过程中有无数个形态，选择并截取最适合的状态应用在设计中，是对设计师设计能力的考验(图 5-1-3)。

2. 服装面料材质的夸张

服装面料材质的夸张主要是对现有的材料进行观察与分析，大胆想像，从周边的事物中吸取灵感，换位思考，利用各种手段(如剪、贴、扎、系、拼、补、折、绣、叠、抽、勾等)来改变面料的质地。通过面料的质地、原料、肌理，直接影响服装的显现效果。在设计中，设计师们根据这一点常采取一定的技术手段及工艺手段对面料

图 5-1-3　服装造型的夸张(唐琪琪作品)

进行“配色”，如采用面料的透叠、镶拼、褶皱、透视等多方面对装饰细节进行夸张。夸张法特别适用于创意风格服装的设计(图 5-1-4)。

四、借鉴法

1. 借鉴传统服饰的创意设计

在长期的生活实践中，我们的祖先创造了大量具有较高艺术观赏价值的传统服饰。这些传统服饰是我们今天进行创意服装设计时可供借鉴的、极其丰富而珍贵的素材。尤其在参加国际性创意服装设计大赛时，借鉴我国传统服饰的艺术形式来表现东方服饰的艺术魅力，更容易显示作品鲜明的个性并获得成功。

由于我国是一个多民族的国家，且具有悠久

图 5-1-4 面料材质的夸张

的历史，不同民族、不同历史时期的服饰既有密切联系，又有各自不同的特征。不同服装的款式、色彩、图案常常包含了丰富的意义，如我国汉民族深衣的形制反映了“儒家”的行为准则和价值观，而藏族袍服的形制则反映的是藏民的生活环境和生活习惯。如黑色在秦代是十分尊贵的颜色，而到了汉代以至以后许多朝代，黑色却成了十分普通的颜色。服装上的图案更是各民族的“密码”，蕴藏了大量的寓意和故事。如汉民族的凤纹、鱼纹、龙纹、松柏纹和蝙蝠纹等都是表示吉祥的图形；而苗族姑娘的绣花裙上记述的可能正是她们家族的历史。因此，借鉴传统服饰的造型元素进行创意服装设计时，应首先了解它们的文化内涵，这样才能设计出有一定分量的作品来。

传统服饰世代相传，同时，随着旅游和信息业的发展，原来使人感到新奇的少数民族服装也渐渐被揭开了面纱。传统服饰和民间服饰越来越被人们所熟悉和了解。为了使创意服装产生令人“震惊”的效果，借鉴传统服饰和民间服饰时，要注意夸张手法的运用 (图 5-1-5)。

图 5-1-5 借鉴民间纹样的创意设计
（王振华作品）

2. 借鉴姊妹艺术的创意设计

由于表现材料和手段的不同，艺术分为许多不同的门类，如绘画、雕塑、音乐、舞蹈等。各门类艺术在其自身的发展过程中都积累了大量的经验，且塑造了许多使人赏心悦目的艺术形式，而这些各自不同的经验和千姿百态的艺术形式又都有着共同的艺术创作规律。服装是一门独立的艺术，它的发展有其自身的规律，但它也不是孤立的，服装与其他艺术门类有着广泛的联系，并受到其他门类艺术的影响。因此，各门类艺术在可能和必要的情况下，都应注意从其他门类艺术中汲取营养。

绘画是用形、色、肌理塑造形象的艺术，其理论和形式对服装都有直接的影响。我国的传统服装不注重表现人的形体，而注重图案和配饰对服装的装饰，这一点与传统绘画“轻形重意”的审美思想是一致的。在西方，绘画与服装相互影响、相互借鉴的例子也很多。早在 19 世纪初，名画“马拉之死”的作者著名法国画家达维特，在他担任拿破仑御前画家之时，就根据 17 世纪佛兰德斯画家凡·戴克的人物肖像画，设计出一种带有花边的尖领女装，成为法兰西帝国时代“新古典主义”的典型时装。20 世纪，法国设计师争相把著名画家如莫奈和梵高的色彩移植到女装上。英国版画家比亚兹莱在作品中创造了一种瘦削、修长、穿着紧身长袍的女性形象，也给当时的英国服装设计师以莫大的启发。20 世纪 50 年代，意大利设计师巴伦夏加和一些法国设计师受 17 世纪西班牙绘画作品中人物服装的启发，设计出一种腰部紧收而裙体膨大的舞裙。20 世纪 60 年代以来，西方现代绘画对服装的影响更加明显，西班牙著名画家毕加索的绘画用色沉着、构图大胆，被美国服装设计师维塔蒂尼用于毛线衣的设计，那种融合金属色、灰色、棕灰色的不规则色块，使穿着者显得洒脱，富有男子汉气概。米罗是西班牙著名的超现实主义画家，他的作品色彩鲜艳明快，富有儿童般的稚气。维塔蒂尼把米罗的绘画形式运用于秋季大衣的设计，使庄重雍容的大衣增添了天真烂漫的意味。荷兰画家皮特・蒙德里安的许多绘画作品由彩色的直线和矩形构成，法国服装设计师伊夫・圣・洛朗把这些绘画语言用于迷你裙的设计，使穿着者具有清新、纯洁、活泼的风韵（图 5-1-6）。

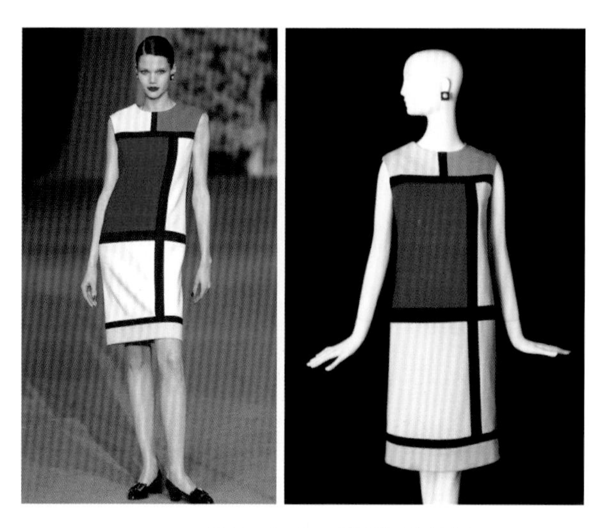

图 5-1-6　蒙德里安裙

音乐是具有强烈艺术感染力的艺术，舞蹈更是以人体为创作语言的艺术。音乐和舞蹈对服装的影响也很明显。旋律优美的音乐可以激发人的创作灵感，随起舞者一起运动的舞蹈服，也常常会因舞蹈的流行而穿着到了普通人身上。

建筑是表现立体空间美的艺术，它的设计原理和表现形式也能给服装许多启示。服装设计常用到的形式法则就是从建筑设计中引申而来的。建筑设计中的造型要素也常被运用于服装。哥特式建筑是 12~16 世纪初期以法国为代表的一种教堂建筑。这种建筑有高耸入云的尖屋顶，整个建筑很高，轻灵的垂线遍布整个建筑表面。这种宏伟、壮观、富丽堂皇的哥特式建筑形式渐渐被各国效仿，成为世界建筑史上影响极广的建筑形式（图 5-1-7）。

图 5-1-7　哥特式建筑

受哥特式建筑的影响，14~15 世纪，欧洲出现了哥特式服装，哥特式服装的款式造型与哥特式建筑十分相似，常运用尖顶的形式和纵向的直线，服装的装饰注重细节，色彩和面料的变化也十分丰富。当时欧洲的妇女常戴一种“埃宁帽”，其外形为高高的锥体，用丝绸或丝绒制成，后面拖有长长的飘带（图 5-1-8）。男子则留尖胡子，戴系结成尖尖形状的头巾，穿尖头鞋和尖头带后跟的短袜，上衣袖子的外轮廓也呈尖尖的塔垛形。今天，各国服装设计师仍注意从建筑艺术中汲取灵感，以追求服装的立体空间美（图 5-1-9)。

图 5-1-8　埃宁帽

民间剪纸具有造型简练、风格质朴的特点，将它与服装结合起来，不仅能丰富服装的设计语言，还能给服装增添古拙的艺术情趣。

服装受其他门类艺术影响的实例还有很多。创意服装设计是一项强调形式美感的设计，更应注意从其他艺术门类中汲取营养。

3. 借鉴自然形态的创意设计

大自然中美的、生动的各种形态，曾激发了无数艺术家的创作灵感，服装设计也一样。西方的燕尾服，东方的七彩袖都留有大自然的痕迹。自 20 世纪 90 年代以来，受“崇尚自然”的文艺思潮影响，以自然形态作为题材设计服装更是受到人们的青睐。

自然界中的色彩极其丰富，自然形成的色彩组合格外协调，从自然景物里提取的流行色流行了十年仍经久不衰。自然界中的纹样极具生命力，从远古至今永远使人感到美丽、亲切。自然界中的肌理极富变化，仿自然的肌理总是既古老又新奇，既凝重又时髦(图 5-1-10)。

在“崇尚自然”的时代更应注重借鉴自然中的形态。在借鉴自然形态进行创意设计时，要注意对自然形态进行提炼和概括，或将自然形态打散后重新组织。同时，要注意处理好自然形态与人体的关系，让自然形态与人体完美地结合起来。

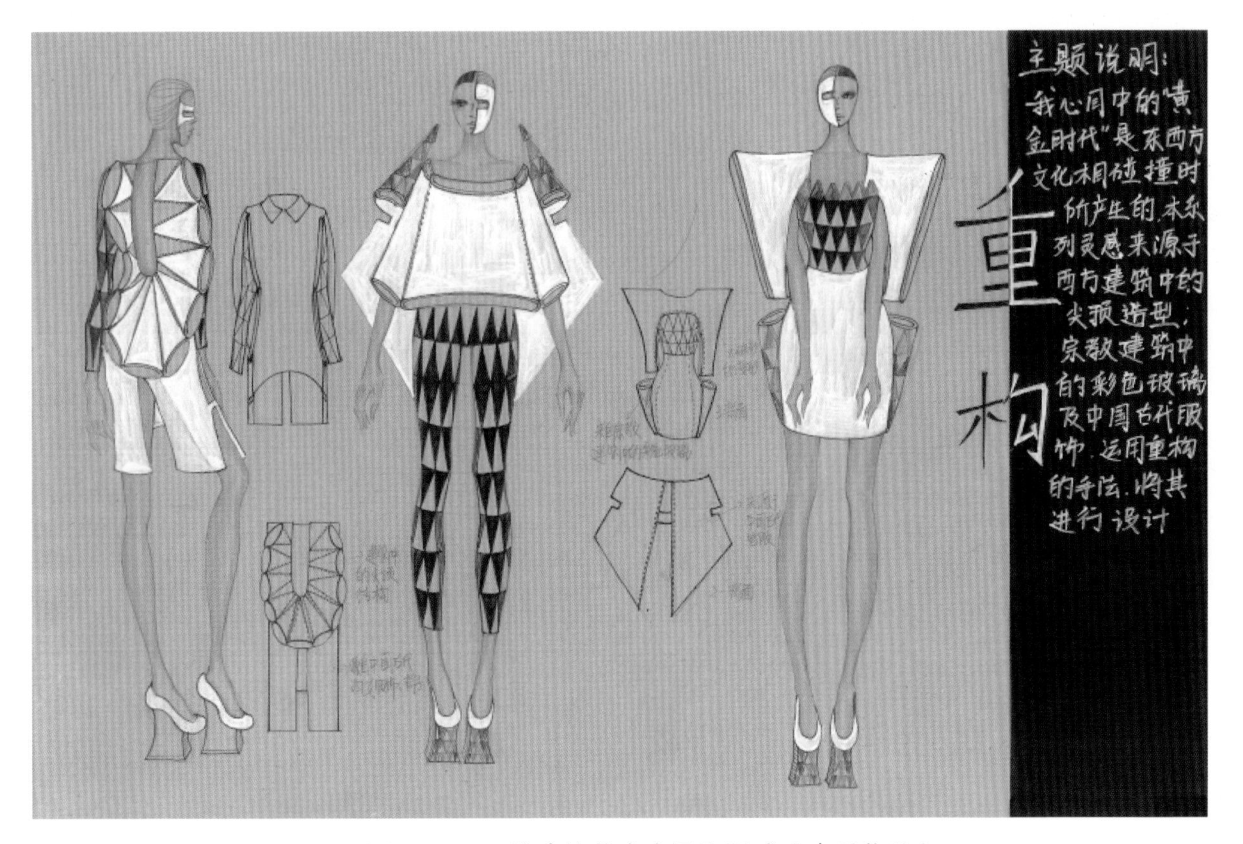

图 5-1-9　从建筑艺术中汲取灵感（李季作品）

图5-1-10　借鉴自然界中花卉肌理的创意设计(张梦洁作品)

第二节　成衣类服装创意设计

成衣类服装创意设计具有创新、多变、时尚的艺术特点，也正因此，成衣类服装创意设计的表现可以夸张、张扬，也可以内敛、含蓄。

一、概述

成衣类服装创意设计中的成衣(Ready—to—Wear)是指按照一定的号型规格系列标准，用工业化批量生产模式制作的衣服，主要是相对于量身定做的手工制作服装而言。同其他设计类别相比，成衣设计满足的是不同层次的人的着装需求，尤其是高级成衣(Couture)款式领先、设计顶尖。不同于高级时装和艺术表演性服装创意设计的是，成衣类服装创意设计必须在具有艺术和流行性的同时具有实用的价值，或者是具有市场潜力和商业价值。成衣设计是一种特殊的艺术，其创作过程是以实用价值美的法则所进行的艺术创造过程，这种实用美的追求是用专业的设计语言来进行的创造。设计产品中对美的追求也决定了设计中必然的艺术含量，同时兼具一定的时尚感。

成衣类服装创意设计主要分为两大类：高级成衣发布会和休闲装。这两类是比较典型的成衣类服装创意设计，在这里可以看到离人们生活较近的时尚作品。无论是在卖场销售的高级成衣还是T台上高端品牌和设计师品牌的成衣发布，以及展现年轻人创意的成衣类设计大赛，都为人们展现了一道亮丽的时尚风景，让人们体会到生活的艺术、设计之美和实用的兼和。成衣类服装创意设计的作品通常都是在一个大的切合时代卖点的主题下进行系列的演示，较少以单款单件的创意为主导。因此，作品的创意重在设计，除具有鲜明的风格特点以外强调系列感、整体感、搭配和组合性。

高级成衣发布会、设计师或品牌形象产品发布会服装都强调设计风格的突出，以及品牌的设计理念，而设计类大赛则是以一系列的休闲装为主的设计大赛。较权威且为众人熟知的有上海“中华杯”国际服装设计大赛和中国真维斯杯休闲装设计大赛，以及举办了 3 年的常熟服装城杯中国休闲装设计大奖赛等。“中华杯”倡导“实用性艺术”，全力推导设计理念的市场化，在业界独树一帜，成为最具活力、最有影响、最受欢迎的高层次设计大赛之一，且充分体现出上海国际服装文化节“重设计、创名牌、拓市场”的宗旨。其参赛作品注重创意与实用相结合的原则，突出创新，在实用的基础上带有原创的艺术创新，以简洁的风格演绎当前的时尚潮流，同时具有潜在的商业价值。把“具创意的设计概念”作为首要评选标准的真维斯杯休闲装设计大赛则以时尚休闲装为主。其以“用自己的创意点缀生活，展现自我风格”的设计理念为导向，每一届设计主题都紧贴时尚潮流，指引潮流走向未来，鼓励挥洒激情与创意。参赛作品必须是原创，具有创意且结合市场和时尚潮流；造型、款式、色彩运用具有创意。大赛非常明确地指出针对实用兼创意的宗旨，区别于类似以“创意”为主旨的纯表演性设计大赛，如图 5-2-1、5-2-2 所示。

图 5-2-2　成衣展示

图 5-2-1　成衣类创意设计（白雪作品）

二、成衣类服装创意设计的特点

成衣类服装创意设计注重作品的创新和实用性，可穿度高且设计风格独特，于简洁中折射出时代的审美和潮流。而作为成衣设计师来说，除了必备的专业技能和设计才华以外，最重要的是对设计定位的掌控，对时尚流行的敏锐及对市场的了解。设计的角度必须是基于设计风格基本定位的基础上，从市场出发，从所服务的人群定位需求出发，从而在不断地摸索中寻求设计创意与市场的平衡，在自我才华的认可和设计商业价值间找到平衡。成衣类服装创意设计总体来说具备以下几个特点。

1. 鲜明的风格理念

由于成衣设计所依托的是品牌或设计师，因此其系列产品设计的开发和设计必须遵循既定品牌的设计定位和风格，有别于单纯的款式设计，多是依据品牌属性，根据创意主题设计概念表现出具有主题特点的设计。通过对品牌的形象、品牌消费市场的目标诉求、品牌的价格定位等的认同，利用创意主题的概念，构成主题创意设计表现元素，并借助相应的科技、技术、工艺、流程等手段，介入流行因素，完成成衣系列的款式设计。

品牌的风格建立在明确的市场定位及目标客户群的设定上，而作为体现品牌风格的成衣设计则必须在设计理念、设计风格，以及一些标志性的设计元素上展现出其契合品牌风格的设计创意，而不是脱离品牌的风格做一些虽赏心悦目但和品牌风格背道而驰的设计创意。鲜明的风格理念是成衣设计制胜的首要因素，也是随着品牌细分化越来越明显，同质化竞争越来越激烈而凸显出的重要作用。

2. 多变创新

相对于服装其他门类的设计，成衣设计更富有变化性。竞争激烈又充满变数的成衣设计要求不断地创新，将设计创新能力及思考结果有效运用于设计是成衣设计制胜的法宝。

成衣类服装创意设计的多变创新主要体现在款式的流行性变化、时尚多变和设计卖点的创意上。这里涉及的创新必须基于掌握成衣创意思维的基本方法与构思方法，掌握成衣创意的设计前提和条件。寻找创意突破口并将其运用于设计，掌握设计创意元素的整合运用。

同时成衣创意设计的创新还表现在技术设备上的更新。成衣设计依附于相关设备、现代专业设计辅助工具，以及随着成衣行业发展进程而产生的新科技、新技术。通过各种专业技能、专业技术将创意设计思维进行合理转化，达到在设计上创新多变的效果。因此设计师只有通过创新思维、设计拓展，以及技术创新的掌握上齐头并进，才可以真正做到基于既定风格基础上的多变且在设计中收放自如。

3. 实用性

与艺术表演类服装创意不同的是，成衣类服装创意必须以实际的目标客户群为对象，且最后设计出来的服装必须在具备可穿度高的基础上体现目标消费者的生活方式和着装需求，而不是像工艺品、艺术品一样是纯粹视觉上的审美和艺术上的享受。即使是成衣表演，其目的和后续的影响也主要体现在商业订单及大众跟随的知名度上，而不是如艺术表演类服装创意一样主要进行审美的熏陶。

第三节 服装创意设计典型案例分析

一、设计案例一：棕归浪漫

风格定位：时尚休闲装的原创设计，具有创意且结合市场及时尚潮流。

设计理念：以专业性、流行性、应用性为基础，以市场化和国际化为主导，努力提升赛事的创新性和时尚性。

设计主题：棕归浪漫。

设计构思：传统的浪漫正在脱离中规中矩的枷锁，特立独行的都市时尚人，正用新的格调诠释浪漫主义风格（图 5–3–1）。

设计过程：共分为 4 个阶段。

第一阶段，绘制设计系列草图及主要设计元素。

第二阶段，整合设计元素，绘制设计草图，一个系列 3 套，并确认设计方案。

第三阶段，绘制彩色设计效果图及每套的款式平面结构图。彩色效果图表现设计理念，通过色彩、款式造型、结构及配饰等形态，达到完整的图示效果。款式平面结构图则提供合理的结构示意，为制作提供了具体方案。

第四阶段，面料的准备。针对具体设计进行面料的配搭及面料色彩的染色处理。本系列采用了经编面料、针织、羊绒、针织纱线等面料。在面料配搭上做到虚实、厚薄的层次效果。

制作过程如下：

第一，样板和部分白坯样的制作。

选取其中 3 套进行制作。作为创意服装设计，成品的最终完美效果的呈现完全依靠制作过程中的每一个环节，而白坯样衣的制作过程即为后序的实际成衣制作过程奠定坚实的廓形基础。

第二，面料和设计的结合。实际面料和整体造型结合的过程。

本系列 3 套服装整体廓形是合体和紧身的结

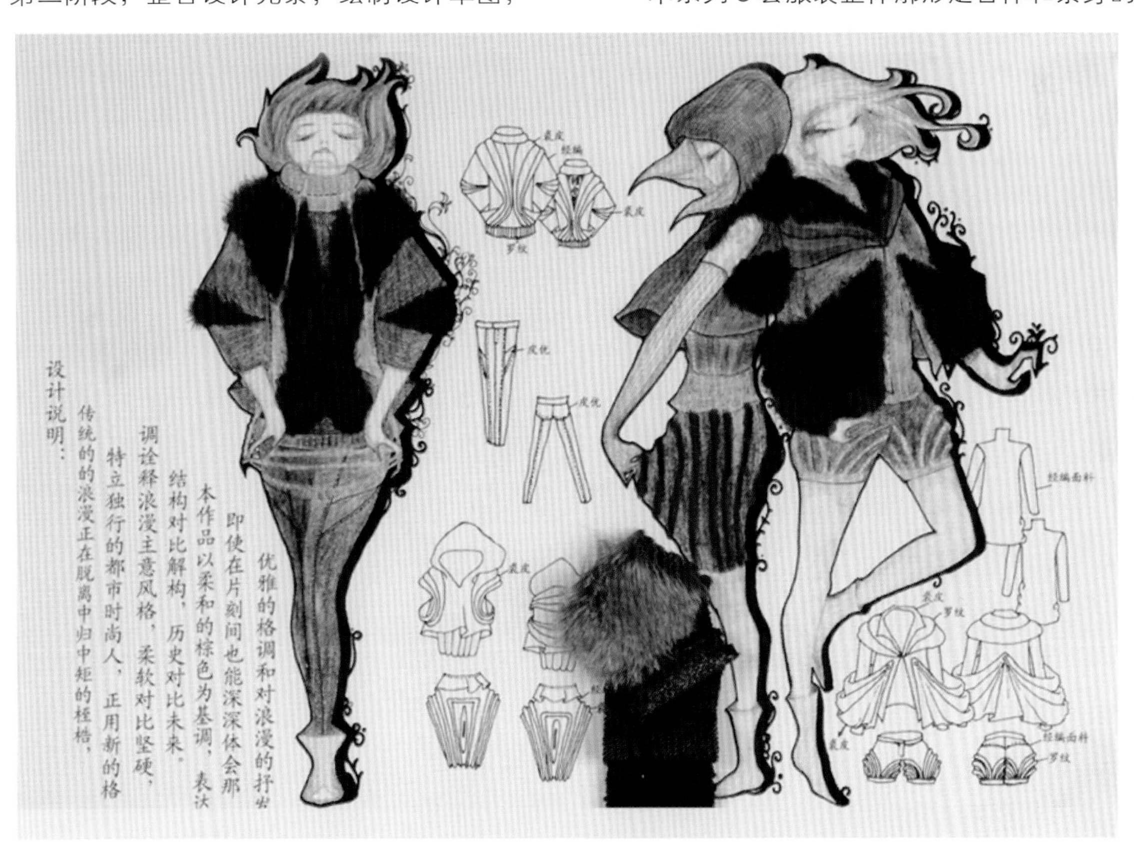

图 5–3–1 棕归浪漫（宋恒作品）

合，上衣短款、长款兼有。裁剪以平面为主，制作过程中褶裥的处理是重点，通过薄的乔其纱打褶形成视觉上的层次感，结合颜色的渐变形成整体设计中的亮点（图 5-3-2）。

图 5-3-2　棕归浪漫成衣展示效果

二、设计案例二：峥嵘

风格定位：高级成衣，时尚简洁、优雅。

设计理念：现代摩登时尚的女性主义，体现女性自然优雅的特质。

设计主题：峥嵘。

设计构思：偶然读到毛泽东主席的《长征》中的“更喜岷山千里雪，三军过后尽开颜”，我仿佛回到了那个金戈铁马的战争年代，值此中国共产党建党 90 周年之际，遥想党曾带领我们走过的峥嵘岁月，遂有此作。本系列作品采用了革命时期军装的色彩，怀旧色系。款式为硬朗军装风格，搭配层叠的领型设计和拼接设计（图 5-3-3）。

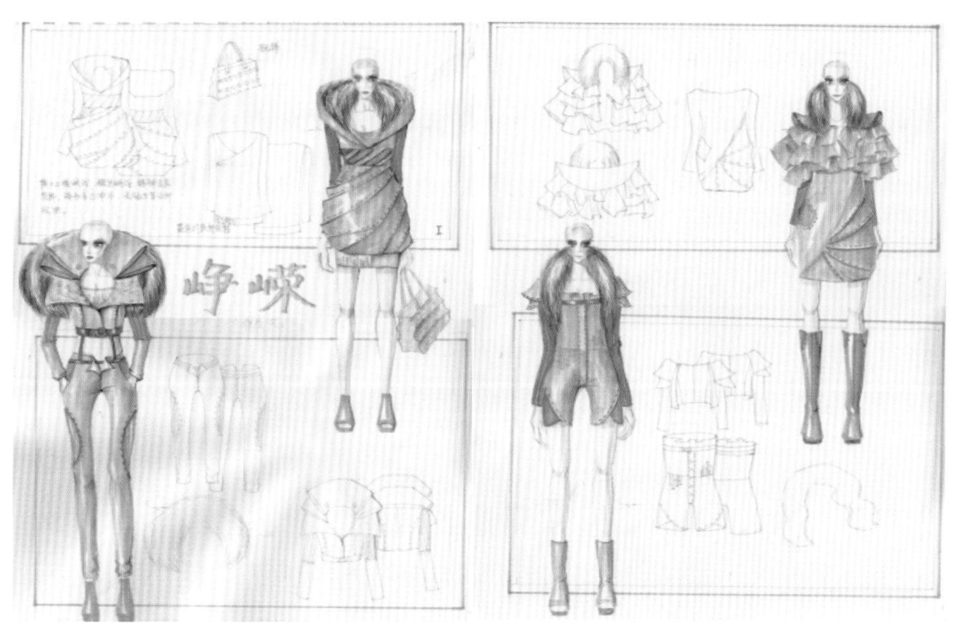

图 5-3-3　峥嵘（刘文娜作品）

设计过程：共分为 5 个阶段。

第一阶段，绘制设计系列草图和主要构思细节。

第二阶段，整合设计元素，绘制设计草图，一个系列 3 套。

第三阶段，绘制彩色设计效果图及每套设计的款式平面结构图。彩色效果图表现设计款式造型、结构及配饰等形态，达到完整的图示效果。款式平面结构图则提供合理的结构示意，为制作提供具体方案。

第四阶段，选取其中的 3 套制作成成衣。

第五阶段，面料的选定。

制作过程如下：

第一，样板和部分白坯样的制作。

作为服装创意设计，成品的最终完美效果的呈现完全依靠制作过程中的每一个环节，而白坯样衣的制作过程为后序的实际成衣制作过程奠定坚实的结构基础。

第二，面料和设计的结合。实际面料和整体造型结合的过程。

有了样衣的板型，就可以直接将选定的面料结合创意设计的效果进行实际的制作。如何将面料和设计有效地结合并最终得到理想的制作效果是制作过程中的关键。完美作品的呈现依赖于制作过程中反复地推敲和尝试，直至达到和效果图一致的理想效果（图 5-3-4）。

图 5-3-4　峥嵘主题成衣展示

三、设计案例三：凯旋

风格定位：时尚休闲男装，具有创意且结合一定的时尚流行趋势。

设计理念：“乐活”既表达了健康快乐、积极向上的生活与工作态度，也传递了关注生态环保，提倡社会经济与时尚产业，走可持续发展之路的理念。

设计主题：凯旋。

设计构思：整个系列注重简约特性，面料采用透明纱，打破了灰色的沉闷感（图 5-3-5）。

图 5-3-5　凯旋（白雪作品）

设计过程：共分为 4 个阶段。

第一阶段，绘制设计系列草图及主要设计元素。

第二阶段，整合设计元素，绘制一个系列 5 套设计草图，并确认设计方案。

第三阶段，绘制彩色设计效果图及每套的款式平面结构图。彩色效果图表现设计理念，通过色彩、款式造型、结构及配饰等形态达到完整的图示效果。款式平面结构图则提供合理的结构示意图，为制作提供合理的方案。

第四阶段，面料的准备。针对具体设计进行面料的配搭及面料色彩的染色处理。

制作过程如下：

第一，样板和部分白坯样的制作。

第二，面料和设计的结合。实际面料和整体造型结合的过程。

选取其中 5 套进行制作。本系列 5 套服装整体采用蓝色与黑白的对比色调，廓形以紧身为主。裁剪以平面为主，制作过程中局部立体几何的造型的处理是重点，结合当季时尚流行趋势，并将其体现在服装上（图 5–3–6）。

图 5–3–6　凯旋主题成衣展示

四、设计案例四：麦田里的稻草人

设计主题：麦田里的稻草人

设计构思：灵感来源于麦田里的稻草人，结合流行趋势采用解构的手法将不同材质混搭。设计局部运用了当季最为流行的立体造型设计，增强了服装的现代感和结构感，迎合时尚潮流的同时又呼应主题（图 5–3–7）。

设计过程：共分为 3 个阶段。

第一阶段：结合主题绘制表现创意风格的 4 个设计系列草图。

第二阶段：整合设计元素，绘制设计草图，并确认设计方案。

第三阶段：绘制 4 个设计系列的彩色效果图及每套的款式平面结构图。彩色效果图以平面方式更具体地表现设计理念，通过色彩、款式造型、结构及配饰等形态达到完整的图示效果。款式平面结构图则提供合理的结构示意，为制作提供具体的方案。

制作过程如下：

第一，样板和部分白坯样的制作。

作为服装创意设计，成品的最终完美效果的呈现完全依靠制作过程中的每一个环节，而白坯样衣的制作过程为后序的实际成衣制作过程奠定

图 5–3–7　麦田里的稻草人（白雪作品）

了坚实的廓形和结构基础。由于本设计主要体现的是廓形和装饰手法，因此，白胚样从廓形出发，把握立体廓形的塑造效果。如第一套的廓形主要体现在整个轮廓上，膨胀的立体圆钟形效果是制作的重点。

第二，面料和设计的结合。实际面料和整体造型结合的过程。

有了样衣的板型，就可以直接将选定的面料结合创意设计的效果进行实际的制作。如何将面料和设计有效地结合并最终得到理想的制作效果是制作过程中的关键。完美作品的呈现依赖于制作过程中反复地推敲和尝试，直至达到和效果图上一致的理想效果（图 5–3–8）。

图 5–3–8　麦田里的稻草人主题成衣展示

五、设计案例五：点绛唇

设计理念：以“用自己的创意点缀生活，展现自我风格”的设计理念，表达集功能性、实用性、流行性、艺术性为一体的服装概念。

设计主题：点绛唇。

设计构思：此系列礼服设计灵感来源于新一代年轻人的斑斓梦想，清新亮丽的颜色，给人以美好的心情。印花图案为牡丹花，体现女性的优雅柔美，款式结构清晰，大气简约，理性而不失感性，严谨而不失舒闲。设计展现年轻人多姿多彩的青春，为了梦想安静美好的努力，淡雅心态多姿青春（图 5–3–9）。

图 5–3–9　点绛唇（陆晓红作品）

设计过程：共分为 4 个阶段。

第一阶段，设计调研，流行趋势分析和流行信息采集。

第二阶段，市场调研分析以及女装流行趋势分析。

第三阶段，确定设计主题，阐释创意理念。

第四阶段，绘制彩色设计效果图。彩色效果图表现设计理念，通过色彩、款式造型、结构及配饰等形态，达到完整的图示效果。

制作过程如下：

第一，样板和部分白坯样的制作。

第二，面料和设计的结合：实际面料和整体造型结合的过程。

此系列礼服在工艺上的要求比一般服装更为严格细致，以保证礼服的造型优美、穿着合体，并体现出华贵不凡的品质。由于礼服的款式、风格新奇多变，平面剪裁难以准确生动地表达构思，所以本系列主要以立体剪裁方法为主，以获得满意的效果。为体现礼服的品质，礼服的裁剪、做工显得十分重要。细腻的裥褶和垂荡的波浪都需要反复、精心的剪裁和手工调试，以达到完美的状态。裁剪既要合体收身又要富于变化，灵活运用面料、里料、衬料、支撑条等来辅助服装成型（图 5-3-10）。

图 5-3-10　点绛唇主题成衣展示

六、设计案例六：黑陶魂

设计主题：黑陶魂

设计构思：现代社会是一个快节奏的时代，人们生活在快节奏的浪潮上，物质、金钱等充斥着他们的一切。但这并不是每个年轻人渴望得到的生活，他们渴望得到最纯真最朴素的自己。中国元素“黑陶”，材质细腻，造型独特，色彩厚重，具有精美绝伦的艺术风格。本次设计以黑陶艺术在现代服饰设计中的创新运用为设计主线，深入挖掘黑陶这一传统艺术形象的文化艺术神韵，提炼出黑陶服饰创新设计作品。当代黑陶纹样多取材于自然景物，且不满于一种形式，富于变化，图与背景的分离产生了不同的空间关系和层次关系，这种多层的空间关系，在视觉上引起了节奏与韵律感（图5-3-11）。

图 5-3-11　黑陶魂（闫梦娇作品）

设计过程：共分为 4 个阶段。

第一阶段，绘制设计系列草图及主要设计元素（图 5–3–12）。

第二阶段，整合设计元素，绘制一个系列 4 套设计草图，并确认设计方案。

第三阶段，绘制彩色设计效果图及每套的款式平面结构图。彩色效果图表现设计理念，通过色彩、款式造型、结构及配饰等形态达到完整的图示效果。款式平面结构图则提供合理的结构示意，为后期制作提供具体的方案。

制作过程如下：

第一，样板和部分白坯样的制作。根据效果图选择白坯布制作服装镂空部分造型，坯布之间可以选择双层加以装饰，起到蓬松效果。

第二，面料和设计的结合。白坯布样衣制作调整好后，可以采用成衣面料进行裁剪，裁剪过程中要注意平面裁剪和立体裁剪相结合（图 5–3–13)。

图 5–3–12　黑陶魂主题系列草图

图 5-3-13　黑陶魂主题成衣展示

第六章　服装设计的综合运用

“在这个科技快速发展的时代，有一股力量驱使人们转身追求手工细节和工匠手艺。”

——约翰·加利亚诺

第一节 女装设计

一、女装设计的特征

女装偏重于突出表现女性娟秀的体态，并极尽所能采用了各种美化的表现手法，制成具有装饰多、皱褶多和露肤多等特点的风格式样。女装虽因时代的变化而趋向简约练达，但较男装而言，也还是显得有些繁复矫饰。在款型、色彩、面料、工艺及配饰等方面，都呈现出更为华丽炫耀的情形。女装的特征基本可以概括为以下几点。

1. 款式丰富多变

女性人体的形态和运动需要直接构成了服装的款式。女装的外部轮廓与内部结构，多使用曲线或曲线与直线交错的形式，追求设计上遮、透、露、叠、披、挂、破等形式的表现。根据不同地域、民族习俗、宗教信仰、社会时尚、流行趋势等因素进行综合设计，以形成服装独特的外观和丰富的层次变化。在一些裙装、晚礼服、外套、休闲装的设计上，可以明显感受到女装特有的神韵(图 6–1–1)。

图 6–1–1 款式丰富多变

2. 色彩艳丽明快

女装的各设计元素中最吸引人视线的是色彩。鲜丽活泼或柔和素雅是女装用色的突出特点，女装色彩的美观悦目直接关系到服装风格的表达，因为每种颜色给人的感受是不同的。女装设计师必须了解每一季流行色的动向，及消费群体对色彩不同的需求和认知等，然后再融合个性与共性色彩来表现流行时尚。另外，一套服装的上下搭配、里外搭配及系列女装的配色运用，都能制造出女装的熠熠光彩(图 6–1–2)。

图 6–1–2 色彩艳丽明快

3. 面料细柔优雅

女装设计的材料除了我们日常生活中所见的普通衣料如棉、麻、丝、毛、化纤以外，还有许多现代服饰的新型材料。女装设计的材料运用，已从狭窄的含义中跨越到现代设计的广阔层面。柔软、滑爽、轻薄、光亮是女装用料的明显特征，裘皮给人以柔软的视觉感受，用裘皮制作的女装华贵高雅；富春纺、塔夫绸的视觉感受滑爽，制作成的女装优雅性感；皮革、漆皮等材料的光感很强，给人以冷峻、中性化的视觉感受。女装设计师只有善于运用材料的性能和特点，才能更准确地表达设计作品（图 6–1–3）。

4. 装饰工艺繁复

装饰工艺是用布、线、针及其他有关材料和工具，通过精湛的手工技法，如抽纱、镂空、缀补、打褶、镶拼、绗缝、刺绣、扳网、滚边、花边、盘花扣、编织、编结等与时装造型相结合，以达到美化时装的目的。在现代女装艺术中，装饰工艺是必不可少的，它的种类和技法千变万化。将装饰工艺进行选择，巧妙地应用于时装中可以提高时装的附加值，同时还能突出时装的个性风格。另外，随着现代技术的发展，新颖的装饰材料的不断出现，更为女装的装饰工艺提供了更为广阔、丰富的表现空间（图 6–1–4)。

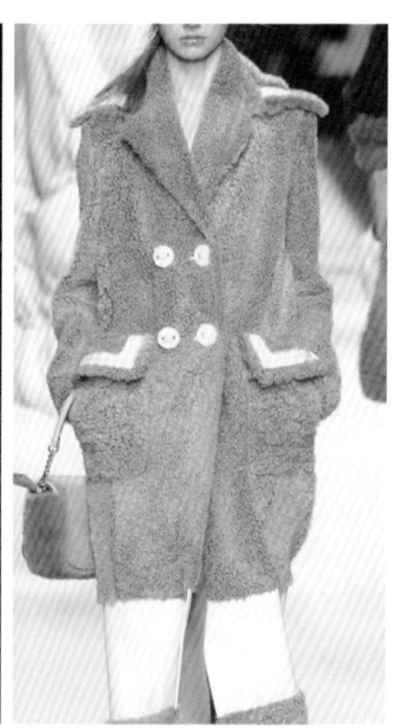

图 6–1–3　面料细软优雅

图 6–1–4　装饰工艺繁复

5. 配饰丰富多彩

现代女装设计不是单一性的，而是以全视的角度来审视人们对衣装的各方面需求。女装设计通常分为晚礼服、婚礼服、外套、套装、休闲便装、裙装、裤子、内衣等种类。此外女装还有经典风格、前卫风格、优雅风格、休闲运动风格、都市风格、田园风格、浪漫风格、中性风格等。女装的不同种类和风格需要与之相适应的头饰、颈饰、手饰、腰饰、包饰、鞋饰等统一搭配。配饰起到画龙点睛的效果，能有效地烘托出女性动人的穿着形象。全方位考虑穿衣人各方面需求，是每一位女装设计师必须重视的问题（图 6–1–5）。

图 6–1–5　配饰丰富多彩

二、女装设计的原则

女装的各个部分都可被看作点、线、面、体等造型要素，在女装设计中，各个造型要素就是按照一定的形式美法则组合而成。只有基于一定的原则，并在设计中合理利用这些元素，才能创造出更加丰富多彩的服装款式与造型。

1. 重复韵律原则

重复韵律原则指在一件衣服上不止一次地使用设计元素、细节和裁剪。这一设计元素或者设计特征可以被规则地或不规则地进行重复，在设计统一的前提下，又可以形成多样的效果以达到设计目的。比如在服装局部以大面积钮扣装饰，这正是使用了设计的重复原则，通过钮扣这一简单的设计元素，以个体的不断重复，由点及面形成视觉中心。此外，重复亦可以成为女装结构的一部分，例如裙褶，或是织物本身的一个特征如条纹或重复印制的图案或重复应用的装饰物。

在重复使用一个设计元素的同时，可以强调一定的韵律性，像音乐中的节奏，在平缓的韵律中，通过节奏创造出强烈的效果。无论是通过规则特征的重复还是通过印制在织物上的基本花纹表达，都要遵循设计的重复原则（图 6–1–6）。

图 6–1–6　重复韵律原则

2. 对比原则

对比原则是设计过程中最重要的原则之一，它减轻了服饰整体效果过于统一的枯燥感。例如穿裤子时配一条对比色的腰带，颜色的撞击引起对服装特征细节的注意力。对比特征引导视觉走向，在整体服装效果中产生新的焦点。

对比原则的运用需要谨慎，因为它们会成为比较重要的视觉中心。织物纹理的对比能够提升衣料本身的效果，例如粗花呢的夹克配一件丝绸衬衣，通过面料质感、光泽度的对比提升了服装整体搭配效果。对比不需要走极端，要把握好一定的度和量，如穿裙装时搭配高跟鞋或平底鞋这样的区别（图 6–1–7）。

图 6–1–7　对比原则

3. 协调平衡原则

协调并不与对比矛盾，但其更强调相似性。协调平衡主要体现为：色调不冲突、装饰手法不突出、织物搭配得体等。在设计中，把织物、颜色、裁剪、装饰等和谐地融合在一起，才能体现出协调平衡的意境。一个协调的系列作品能够随意地组合和搭配，如在一个系列服装设计中，不同款式的外套、内搭、裙装、裤装等可以互相搭配，其在达到协调平衡的设计意图的同时在一定程度上可以促使提高服装销售额。

设计师通常会在服装设计中寻求平衡，例如排列整齐、大小相等的口袋以及间隔相等的钮扣等。如果所有重点都集中在领部时，服装会显得头重。或者，一条裙子太大或荷叶边装饰过度会显得脚重，这样的情况下平衡就受到了影响。一个不对称设计的焦点部分往往需要在整套服装的其他地方加上一个小一点的细节来呼应和平衡它。因此，设计时要从全方位角度看服装，所有的角度都必须满足协调平衡原则（图 6–1–8）。

图 6–1–8　协调平衡原则

4. 比例原则

在服装设计中比例的关系是设计的重点之一。比例使我们在视觉上将单独的部分与整体联系起来。它可以靠目测来完成，并不一定使用尺的测量，可以通过改变设计特征的比例或移动缝线和细节来创造出体型的错觉（图 6-1-9）。

图 6-1-9 比例原则

第二节 男装设计

一、目前国内男装现状

近年来，国际男士服装发生了很大变革。其逐步放弃了传统古典式绅士风度的特权，挣脱彬彬有礼的束缚，出现无性别的装束。

在我国中西服装文化大汇合的今天，对男装的认识上却仍显得有些落后。当设计师对男装的某类型服装进行研究设计和选择时，必须要考虑其相应的对象、场合、目的、配饰、礼仪规范，因为这些都反映出了一个国家的文明程度。即使在西方男装的大变革中，也依然没有脱离上述这一基本原则。

二、男装的特征

1. 款式严谨，强调功能

由于工业的需要和社会的影响，男性对于服装功能性的重视要远远大于装饰性。在日常着装中，男装款式严谨、简洁，多为实用型基本款，花哨和个性的款式多见于青少年服装中。男装的外部轮廓多为箱型的构造，内部结构也尽量是直线或直线与曲线的结合，在设计上力求表现出阳刚、强健和简练的特征来（图 6-2-1）。

2. 色彩稳健、沉着、素雅

相对于缤纷绚丽的女装来说，男装的色彩稳重而素雅。男性的社会角色决定了服装色彩的基调。男性在社会中往往需要体现出强悍自信、踏实稳重的形象，而稳重的男装色彩正能给人以老练、深邃的印象，从而进一步产生信任和可靠的心理感受。当然，不同的地域、民族习俗、宗教信仰、社会风尚、流行风尚等因素都会对男装的色彩有影响。近几年来，男装的色彩变化也越来

图 6-2-1　男装款式

越丰富，但日常生活中多数的男装还是以中性色和深色为主。同时，男装在色调的处理上，多采取统一的色调，或采用大面积统一色系，小面积对比的方法，以体现男子稳重的风格。特别是在一些中年男装的设计上，常常采用质朴、稳重的色调和图案，而青少年的T恤衫、文化衫和夹克衫则会设计一些较为强烈、明快的色彩以凸显青少年朝气蓬勃、奋发向上的精神面貌(图 6-2-2)。

3. 面料挺括，强调质感

服装面料有着粗细、厚薄、轻重之别，不同的材料也有着不同的表现手法和视觉效果。随着科技的发展，运用于服装中的材料越来越丰富。针对男装来说，其面料的显著特征表现为粗犷、挺括、有质感。面料的挺括对于男装硬朗造型的塑造有着决定性的影响，而面料优良的质地更能体现出穿着者的身份和地位。长期以来，男装面料的选择已经形成了一套常规和约定成俗的模式。如晚礼服宜选择丝织锦缎类面料；西装应选择薄型毛料；秋冬大衣宜选择厚呢料等。另外某些面料已成为了制作男装的经典面料，例如条纹面料和格纹面料就是男装经久不衰的选择(图 6-2-3)。

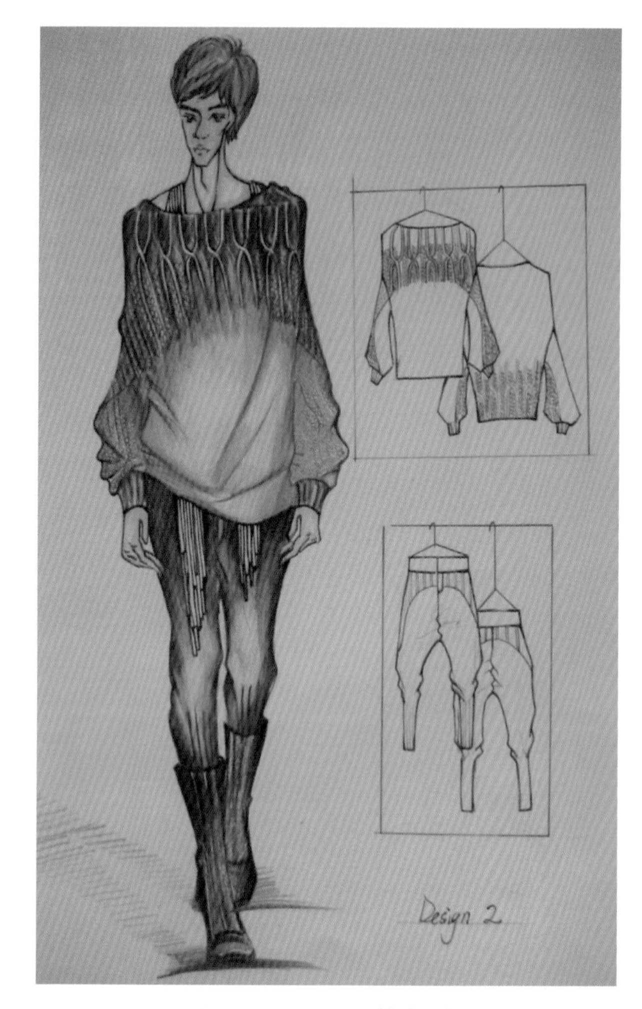

图 6-2-2　男装色彩

图 6-2-3　面料挺括，强调质感

4. 装饰工艺精致实用

男装中的装饰工艺不同于女装，女装的装饰

或强调富贵或表现清新，或新奇或常规，但总体来说装饰性较为突出，常常一眼能见。但男装上的装饰和工艺讲究的是一种含蓄和精致。其常见的装饰工艺手法有包边，滚边，褶裥，缉明线，绣花，镶嵌、异色面料组合拼接等。另外男装设计中还会采用不同肌理和组织的材料做衣领或其他局部结构，例如秋冬外衣经常搭配毛皮领子，这不仅使服装显得大气实用，又能达到美观协调富于变化的视觉效果。随着技术的发展，新颖的装饰材料不断出现，越来越多的装饰工艺可以运用于男装设计中，为男装简朴的轮廓增添出耐人寻味的丰富内涵（图 6–2–4)。

图 6–2–4　异色面料拼接

5. 配饰协调，追求品质

现代服饰的设计中，服装与配饰越来越密不可分。近几年来，服装配件更多的是融入到服装中去，呈现出配件服饰化的趋势来。虽然男性配饰远不如女性配饰那样多姿多彩，让人眼花缭乱，但在配饰的设计和搭配上也有着自己的独到之处。对于男装来说，配饰品类是比较固定的，其在搭配上也需与服装的整体相搭配，并且男装中的配饰比女性配饰更讲究品质，高品质的手表，领带和皮带，是男性在正规场合必不可少的装备，也在一定程度上成为了男士身份的象征。另外能否选择合适的墨镜、围巾等配饰，更是评判男士品味的一大因素（图 6–2–5）。

图 6–2–5　配饰协调

三、男装的设计视点

男装的设计视点主要包括廓形设计、面料设计、色彩设计、款式设计、细节设计、配饰设计六个方面。通过对这六个方面进行有的放矢的研究，最终完成男装的整体造型。

1. 廓形设计

廓形的造型和变化是男装设计的重点。男装的外轮廓不仅仅是有着立体结构的线的组合，其更重要的作用在于展现男性身材的曲线以及服装所要体现的风格特征。合理的廓形设计往往能大大提升穿着者的形象与气质。相对于女装设计来说，男性的曲线并不明显，在廓形的处理上除了要讲究人体肩部、腰部、臀部等部位的合体性，更要充分体现出男性或阳刚或柔美的外形特征（图 6–2–6）。

2. 面料设计

面料的选择和改造是各类服装设计的亮点。针对男装来说，面料是评判男装档次高低的重要依据，是丰富款式造型的重要手段。面料的色彩、纹样、肌理、后处理等都是面料设计的关键。对于男装来说，含蓄丰富的面料设计能够丰富男装造型的层次（图 6–2–7）。

图 6-2-6　廓形设计（白雪作品）

图 6-2-7　面料设计

3. 色彩设计

从第一印象看，色彩是所有设计元素中最能吸引人们视线的元素。经典的男装色彩长期以来都停留在黑、白、灰、藏青等几个固定的颜色上，但随着休闲和运动风格的逐渐风靡，猎装、慢跑服、牛仔装等休闲运动风格的男装越来越受到大家的欢迎，这也大大扩展了男装色彩设计的范围（图 6-2-8）。

图 6-2-8　色彩设计（吴梦瑶作品）

4. 款式设计

相对于女装来说，男装在款式上面的变化更为含蓄和内敛，其变化的进程也相对较为缓慢。近几年来受到女装设计元素的影响，男装的款式造型手段越来越灵活，发展变化的空间也大大扩展（图 6-2-9）。

图 6-2-9　款式设计（周慧丽作品）

5. 细节设计

细节设计和面料设计都是体现男装档次的重要手段。相对于女装来说，男装在款式的变化、图案和色彩的选择以及搭配方式的灵活性上都要小很多，因此体现男装变化和发展的要素就集中体现在细节的设计上。男装中的细节范围很广，它可以是工艺手法的细节设计，也可以是装饰手法的细节设计，通过对细节的刻画和深入往往能大大提高男装的档次（图 6–2–10）。

6、配饰设计

作为男士服装设计中不可缺少的一部分，配饰是展现男士精致生活的重要手段。男士配饰主要集中在领带、皮带、包袋、鞋、手表上，这些配饰已经成为男装中不可分割的一部分，在男装的二次设计和系列设计中显得尤为重要。功能性和品质感往往是配饰设计的衡量标准（图 6–2–11）。

图 6–2–10 细节设计（白雪作品）

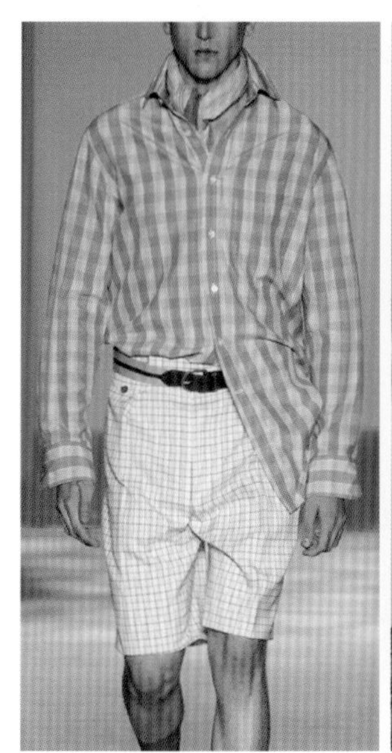

图 6–2–11 配饰设计

第三节 童装设计

一、儿童的年龄分段与设计

儿童时期是指从出生到17岁左右这一年龄阶段。根据生理特点和心理特性的变化，以年龄为阶段，将儿童成长期大致归纳为五个阶段：婴儿(0 ~ l岁)、幼儿(1 ~ 3岁)、小童(4 ~ 6岁)、中童(7 ~ 12岁)、大童(13 ~ 17岁)，由此童装可以分为婴儿装、幼儿装、小童装、中童装和大童装。根据儿童年龄段来进行服装的划分，是童装设计中最主要的分类设计。

1. 婴儿装设计

从出生到周岁之内为婴儿期，这是儿童身体发育最显著的时期。婴儿期的体征是头大身体小，身高约为4个头长，腿短且向内侧呈弧度弯曲，其头围与胸围接近，肩宽与臀围的一半接近。婴儿一般不会行走，大部分时间在床上或大人怀中度过，对事物好奇而缺少辨别能力，出生后的2~3个月内，身长可增加10 cm，体重则成倍增加。到一周岁时，身长约增加1.5倍，体重约增加3倍。在此期间，婴儿的活动机能逐渐发达，10~13个月能学会走路或自立行走。

婴儿装造型设计总的要求是：造型简单，以方便舒适为主，需要适当的放松度，以便适应孩子的发育生长。新生儿穿的衣服不须讲究样式美观，而是要宽松肥大，便于穿脱。扣系采用扁平的带子，尽可能不用钮扣或其他装饰物，也不宜在裤上使用松紧带，以保证衣服的平整光滑。同时不能有太多扣袢等装饰，以免误食、划伤或硌伤皮肤。婴儿颈部很短，以无领为宜。衣服、帽子或围嘴上面的绳带不宜太长，以免婴儿翻身或伸胳膊伸腿时被缠住。裤门襟开合要得当，以便于换尿布等清洁工作，尿不湿的发明使婴儿装设计的繁琐程度稍有改观。在裤子的围度上需要加放松量，以便放人体积较大的尿布。

婴儿装品类一般有罩衣、连身衣、组合套装、披肩、斗篷、背心、睡袋、围涎、尿不湿、帽子、围巾、袜子等。罩衣与围涎可防止婴儿的涎液与食物弄脏衣服，具有卫生、便于清洁的作用。连脚裤穿脱方便，婴儿穿着较舒适自如。睡袋、斗篷则可以保暖、也易于调换尿布。

2. 幼儿装设计

1~3岁为幼儿期。这个时期的孩子体重和身高都在迅速发展，体型特点是头部大，身高约为头长的4倍到4.5倍，脖子短而粗，四肢短胖，肚子圆滚，身体前挺。男女幼儿基本没有大的形体差别。此时孩子开始学走路、学说话，活泼可爱，好动好奇，有一定的模仿能力，能简单认识事物，对于醒目的色彩和活动极为注意，游戏是他们的主要活动。这个时期也是心理发育的启蒙时期，因此，要适当加入服装品种上的男女倾向。

幼儿装造型总的要求是：幼儿装设计应着重于形体造型，造型宽松活泼，轮廓呈方型、长方形、A字形为宜。幼儿女装外轮廓多用A形，如连衣裙、小外套、小罩衫等，在肩部或前胸设计育克、褶、细褶裥、打揽绣等，使衣服从胸部向下展开，自然地覆盖住突出的腹部。同时，一般裙长至大腿，利用视错觉可造成下肢增长的感觉。幼儿男装外轮廓多用H形或0形，如T恤衫、灯笼裤等。幼儿服的另一种常用造型是连衣裙、裤，吊带裙、裤或背心裙、裤。这样的造型结构形式有利于幼儿的活动，他们玩耍时做任何动作，裤、裙也不会滑落下来。但是连衣裤的整体装束常常需要家长配合，免得宝宝不会或来不及解裤，尿在裤子里。由于幼儿对体温的调节不够敏感，常需成人帮助及时添加或脱去衣服。因此，这类连衣裤、裙的上装或背心的设计十分重要，既要求穿脱方便，也要求美观有趣。而且，幼儿对自己行为的控制能力较差，幼儿装设计时要考虑安全和卫生功能。比如，低龄幼儿走路都不太稳，但却最喜欢挣脱大人的手摇摇晃晃地跑，因此，幼儿的裤脚不宜太大，鞋子也要少使用带子，以免绊倒。同时，幼儿对服装上任何醒目的东西都会感兴趣，因此服装上的小部件或装饰要牢固，造型、材料也要少使用金属、硬塑料等，以免幼儿扯下塞进嘴里造成伤害。幼儿对口袋有特别的喜爱，把一切宝贝东西藏入口袋是幼儿的天性。口袋设计以贴袋为佳，袋口应较牢固并不易撕裂。口袋形状可以设计为花、叶、动物形，也可装饰成花篮、杯子、文字形等，这样既实用又富有趣味性（图6–3–1）。

幼儿装品类一般有罩衫、两用衫、裙套装或裤套装、背带裤、背心裙、派克。

图 6–3–1　幼儿装设计（周慧丽作品）

3. 小童装设计

4~6 岁儿童正处于学龄前期，又称幼儿园期，俗称小童期。小童期体形的特点是挺腰、凸肚、肩窄、四肢短，胸、腰、臀三部位的围度尺寸差距不大。身体高度增长较快，而围度增长较慢，四岁以后身长已有 5~6 个头高。这个时期的孩子智力、体力发展都很快，能自如地跑、跳，有一定的语言表达能力，且意志力逐渐加强，个性倾向已较明显。同时这个时期的儿童已能吸收外界事物和接受教育，开始学唱歌、跳舞、画画、识字，男孩与女孩在性格上也显出了一些差异。

小童装造型与幼儿装造型比较相似，造型也比较宽松活泼，常使用 H 形、A 形，小童女装如连衣裙、外套等有时也使用 X 形。连衣裙、裤，吊带裙、裤或背心裙、裤也是小童装的常用造型。这个年龄的儿童可以使用多种装饰手法，既可以有婴幼儿的活泼随意的装饰，但因其有了一定的自理能力，在结构处理和装饰处理上又可以多讲究一点装饰性。由于这时期男孩与女孩在性格上出现一些差异。因此男女童服装的设计开始出现较明显的差别。从造型轮廓上看，男童经常使用直线型轮廓以显示小男子汉的气概，而女孩则多使用曲线型或 X 形显示女孩的文静娇柔。从细节上看，女童装的零部件设计和装饰设计或优雅或花哨，而男童装则相对简洁。

小童装品种有女童的连衣裙、背带裙、短裙、短裤、衬衣、外套、大衣，男童的圆领运动衫、衬衣、夹克衫、外套、长西裤装、短西裤装、背心、大衣等。这类服装既可作为幼儿园校服用，也可以作家庭日常生活装用(图 6–3–2、图 6–3–3)。

4、中童装设计

7~12 岁为中童期，也称小学生阶段。此时的儿童生长速度减缓，体型变得匀称起来，凸肚现象逐渐消失，手脚增大，身高为头长的 6~6.5 倍，腰身显露，臂腿变长。男女体格的差异也日益明显，女孩子在这个时期开始出现胸围与腰围差，即腰围比胸围细。这个阶段是孩子运动机能和智能发展显著的时期，孩子逐渐脱离了幼稚感，

图 6-3-2　小童装设计（韩煦作品）

图 6-3-3　小童装设计（闫梦娇作品）

有一定的想象力和判断力，但尚未形成独立的观点。且生活范围从家庭、幼儿园转到学校的集体之中，学习成为生活的中心。处于小学阶段的儿童，仍非常调皮好动，不过已能一定程度地规范自己的行为，对美的敏感性增强。同时，有个性的儿童向往独立，梦想长大的心态促使他们需要建立“个人风格”，喜欢“酷”的着装，对服装已有自己的看法和爱好。

中童装总的造型以宽松为主，可以考虑体型因素而收省道。款式设计不宜过于繁琐、华丽，以免影响上课注意力，设计既要适应时代需要，但也不宜过于赶潮流。设计男女童装时不能拿儿童体型的共性去考虑，而是有所区别。女童服装可采用 X 形、H 形、A 形等外轮廓造型，连衣裙分割线也更加接近人体自然部位。男童装外形多以 H 形为主。此阶段儿童的服装款式相对简洁大方，便于活动，针织 T 恤衫、背心裙、夹克、运动衫、组合搭配套装都极为适宜。同时，学生服或校服也是该阶段儿童在校的主要服装（图 6-3-4、图 6-3-5）。

图 6-3-4　中童装设计（闫梦娇作品）

图 6-3-5 中童装设计（陈云琴作品）

5. 大童装设计

13~17 岁的中学生时期为大童期，又称少年期，这是少年身体和精神发育成长明显的阶段，也是少年逐渐向青春期转变的时期。这个时期的体型变化很快，身头比例大约为 7:1，性别特征明显，差距拉大。女孩子胸部开始丰满起来，臀部的脂肪也开始增多，骨盆增宽，腰部相对显细，腿部显得有弹性。男孩的肩部变平变宽、臀部相对显窄，手脚变长变大，身高、胸围、体重也明显增加。不过，他们的身材仍然比较单薄。由于生理的显著变化，心理上也很注意自身的发育，情绪易于波动，喜欢表现自我，因此，少年期是一个动荡不定的时期。

大童装图案类装饰大大减少，局部造型以简洁为宜，可以适当增添不同用途的服装。大童装的款式过于天真活泼，少年儿童自身都不愿接受;而款式太过成人化，又显得少年老成，没有了少年儿童的生气和活泼。因此设计师要充分观察掌握少年儿童的生理和心理变化特征，掌握他们的衣着审美需求。要在设计中有意识地培养他们的审美观念，指导他们根据目的和场合选择适合自己的服装。校服是大童这一时期的典型服装。

少女装在廓形上可以有梯形、长方形、X 形等近似成人的轮廓造型。少女时期选择中腰 X 形的造型能体现娟秀的身姿，上身适体而略显腰身，下裙展开，这类款式具有利落、活泼的特点。为使穿着时行动方便，以及整体效果显得端庄，袖子结构比较合体，可使用平装袖、落肩袖、插肩袖等。袖的造型多数用泡泡袖、衬衫袖、荷叶袖等。男学童在心理上希望具有男子气概，日常运动和游戏的范围也越来越广泛，如踢足球、骑自行车等。因此，男学童的服装通常由 T 恤衫加衬衫、西式长裤、短裤或牛仔裤组合而成，或者牛仔裤与针织衫配穿、牛仔裤与印花衬衫配穿，感觉比较青春和时尚。此外，运动上装配宽松长裤也很受青睐。春秋可加夹克衫、毛线背心、毛衣或灯芯绒外套等，冬季则改为棉夹克。衬衫和裤装均采用前门襟开合，与成人衣裤相同。外套以插肩袖、落肩袖、装袖为主，袖窿较宽松自如，以利于日常运动。服装款式应大方简洁，不宜加上过多的装饰（图 6-3-6、图 6-3-7）。

二、典型童装设计

（一）裙装

裙装是女童春夏季最普遍的服装品种之一。裙装按是否上下装连在一起可分为连身裙、半身裙和背心裙。按长短可分为长裙、中长裙、短裙和超短裙。裙装是各个年龄层儿童都适合穿用的款式。

1. 连身裙

连身裙有腰节和无腰节之分，有腰节的连衣裙通常在腰部上下使用横向分割线，能感觉到腰节的存在。无腰节裙上下装的衣片是完整的，腰部没有横向分割线。有腰节的连衣裙按腰节线的高低又可分为高腰节裙、中腰节裙和低腰节裙。一般年龄偏小的儿童和体型偏胖的儿童比较适合无腰节裙和高腰节裙，而且通常选用下摆张开的 A 形裙。因为其裙片还可以使用各种褶裥的设计，腰部宽松舒适且能遮挡住腹部，还能体现低龄儿童活泼可爱的特点（图 6-3-8）。

图 6–3–6　大童装设计（闫梦娇作品）

图 6–3–7　大童装设计（于静作品）

年龄偏大的女孩则适合穿有腰节的裙子，腰节线大都在腰部，通常会采用收褶或捏省处理。到了少女时期，背长加长，胸部凸起，腰围变细，开始适合穿着带有公主线的裙子，这样会显出腰身，显得修长、优雅。低腰节裙适用面比较宽，腰腹部有一定余量，穿着时间较长。此外，吊带裙也属于连身裙的一种，是女童夏季最常用的服装款式，其特点是没有领子和袖子的设计，在肩颈部仅有吊带设计，吊带的变化丰富多样。

图 6–3–8 连身裙（闫梦娇作品）

图 6–3–9 半身裙（闫梦娇作品）

2. 半身裙

半身裙按长短也有长裙、中长裙、短裙和超短裙之分；按外形分有直筒裙、喇叭裙、灯笼裙、A 字裙、圆台裙等；按结构分有两片裙、三片裙、四片裙、八片裙等；按工艺分有百褶裙、对褶裙、波浪裙、绣花裙等；按是否上腰分有连腰裙、无腰裙；按腰节高低分为高腰裙、中腰裙、低腰裙；按腰部松紧还可分为宽腰裙、窄腰裙。

半身裙也是女童春夏季穿用较多的服装品种之一，在设计上可以进行许多的变化设计。比如使用异料镶拼、蕾丝花边等，与上衣、衬衫、薄外套配穿产生不同的效果。裙装面料一般选用棉织物、棉混纺织物、化纤混纺织物、毛混纺织物以及针织织物等。春夏季裙装使用上述面料种类中的薄型面料；裙装也可在秋冬季穿着，秋冬季则使用厚型面料，秋冬季裙装里面一般配穿棉毛衫、裤（图 6–3–9）。

（二）裤装

裤装是男女儿童四季着装中最普遍穿着的服装品种之一（图 6–3–10）。裤装品种按长短可分为长裤、九分裤、七分裤、中裤、短裤；按外形可分为直筒裤、喇叭裤、萝卜裤、灯笼裤、背带裤等。儿童裤装款式设计一定要注意结构的牢固性和活动的宽松度，鉴于儿童喜欢爬、坐的特点，经常会在臀部、膝盖部使用拼接设计，腰腹部有足够的余量可以使儿童自由地跳跃翻滚，腰部多使用扁平松紧带。儿童裤装面料一般采用全棉织物、棉混纺织物和化纤混纺织物等，如弹力呢、莱卡棉、灯芯绒、牛仔布。春夏季裤装选用薄型面料，秋冬季选用厚型面料，与上衣、衬衫、T 恤衫、外套搭配。现在还出现了一种空气层裤子，其特点在于：裤身为双层，双层间被分隔条分隔成各自封闭的中空空气层，结构合理，打破了传统的设计思维。其可使人体热量的传递速度减缓，必要时，同样可在空气层内加入各类保暖、隔热的纤维，集保暖、轻便于一身，穿着舒适。

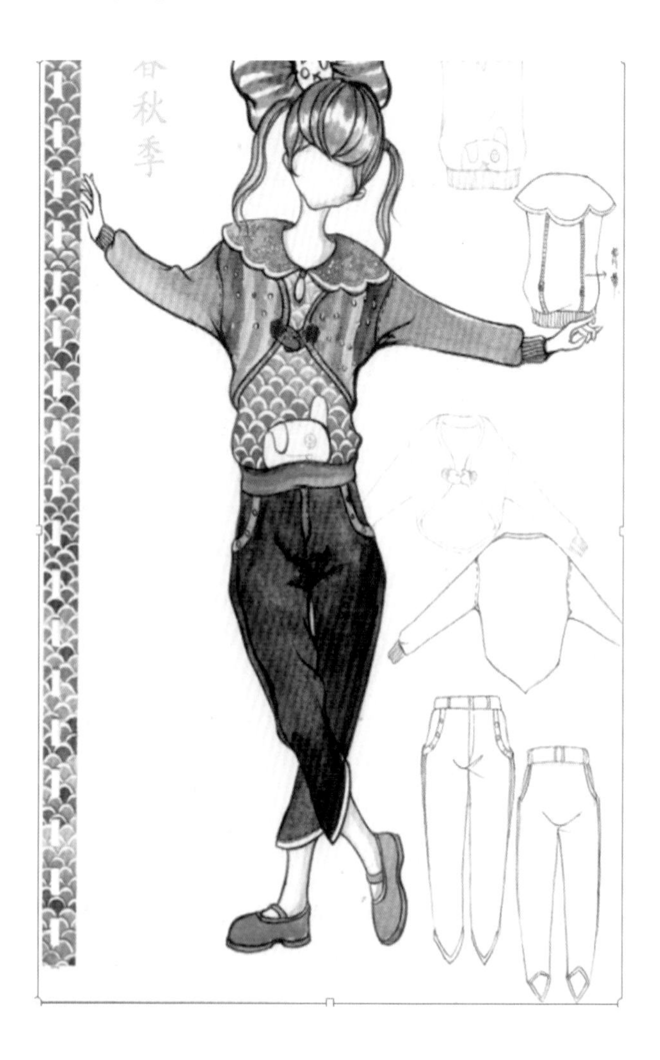

图 6–3–10　裤装（闫梦娇作品）

（三）衬衫

衬衫是儿童春夏季着装中主要的上衣品种之一，可与裙子或裤子配穿（图 6–3–11）。衬衫品种有长袖衬衫、中袖衬衫、短袖衬衫和无袖衬衫等。基本款式为开衫，领子有衬衫领、船形领、立领、花边领、海军领、波浪领等各种领型。男童衬衫多借鉴男装直身形、各种小翻领的设计，面料以各种印花面料和格子面料居多。女童衬衫面料以各种小碎花面料和淡雅的单色面料居多，儿童衬衫常采用棉织物、棉混纺织物、丝织物和丝混纺织物等面料。

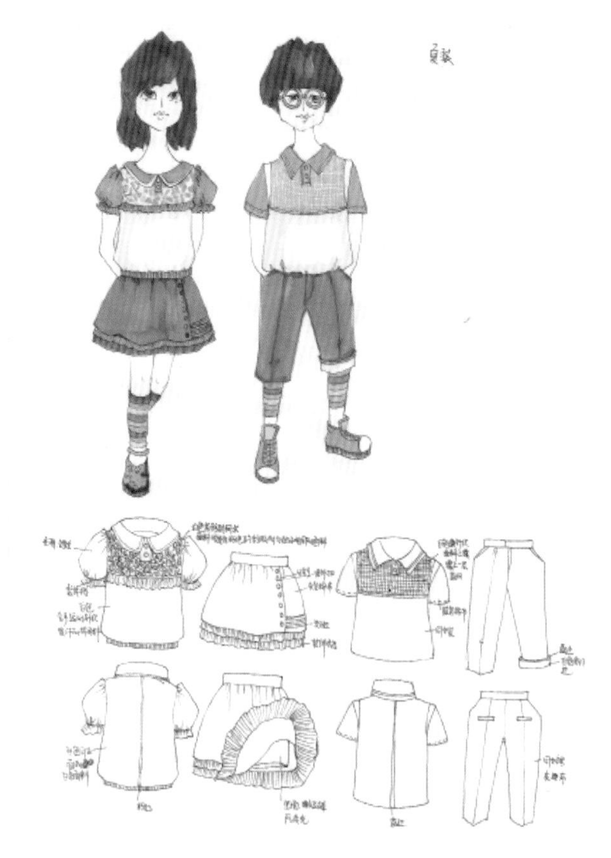

图 6–3–11　衬衫（张慧作品）

（四）T 恤衫

T 恤衫是儿童春夏季常穿用的上衣品种之一，可与裤子或裙子搭配穿着。T 恤衫分为长袖、中袖和短袖等，大多使用圆领、翻领和 V 领。儿童 T 恤衫主要使用全棉针织物和丝混纺针织物等，如单面平纹面料、双面平纹面料、珠地面料、提花面料，还有印花面料、条纹面料等。儿童 T 恤衫经常使用各式图案，如印花图案、贴布绣图案、珠绣图案等，各种各样颇具特色的图案深受儿童喜爱。T 恤衫中也有一种无领无袖的款式，肩部设计较宽的通常叫背心，男女童皆可穿用；肩部较窄甚至仅有一条带状设计的称为吊带衫，是女童夏季常见款式，吊带的变化同样非常丰富，经常会有各种装饰设计。

（五）夹棉外套

夹棉外套也是儿童冬季经常穿着的服装品种。尤其是在初冬天气还不太冷的时候，一般外套不足以御寒，穿羽绒服等过于保暖的服装又觉太早，这时候夹了一层薄棉的外套很适合儿童穿着（图 6-3-12）。很多夹棉外套在款式上借鉴羽绒服和派克服的款式。夹棉多为腈纶棉，面料以涤纶、锦纶织物等化纤面料居多。很多面料也有防水涂层，防水压风，也使用一些熔喷法非织造过滤布等新型面料。

图 6-3-12 夹棉外套（闫梦娇作品）

（六）背心裙

背心裙也是女童连衣裙的一个特殊类别，其上装为背心式，其他设计元素与连衣裙相似，造型上有高腰节、中腰节、低腰节之分，也有直筒裙、喇叭裙、灯笼裙等样式。背心裙是女童秋冬季经常穿用的服装，一般穿在衬衫和毛衣外面。后片肩部向上通常加一定的宽松量，宽松量要根据面料的厚薄和里面穿衣量的多少而定。注意，为防止侧缝处过于宽松，要根据款式和面料缩减一定尺寸。背心裙一般使用稍厚一点的全棉织物、棉混纺织物、化纤混纺织物、毛混纺织物、毛织物、牛仔布或绗缝面料等。穿着时因与其他配在里面的服装搭配穿着，因而可以从款式、色彩和面料等方面搭配出多种着装效果（图 6-3-13）。

图 6-3-13 背心裙（于静作品）

（七）连身衣

连身衣是婴儿主要着装形式，也是年龄偏小的幼童常见的着装形式，俗称“爬爬装”“哈衣”等。连身衣是婴幼儿时期特别是婴儿期的着装，有其年龄段需求的特殊性。连身衣基本款式为衣、裤连在一起，袖子有长袖、短袖和类似背心式的无袖。长袖连身衣较多使用插肩袖和连身袖，以便婴儿肩部有足够的活动量，领子常用圆领、V 领或连帽领连身衣下半身为短裤或长裤设计，腰腹部有足够的加放量看上去圆鼓鼓的非常可爱。前开襟一直开到裆底，也有在裆底横开的款式，使用拉链或钮扣闭合。裤裆低且肥，以便放尿布，有时也使用后开襟，无袖连身衣有时不开襟，而是在双侧肩部使用肩扣。连身衣裤可使婴儿活动时不会露出肚子而着凉。婴儿连身衣的面料主要采用全棉针织物和弹力织物，如厚平针织物、绒棉面料、弹力呢、小碎花、条纹、提花等面料。秋冬季连身衣可在领口、袖口及脚口处使用针织罗纹设计，手脚部分还经常连接手套和脚套。

（八）儿童校服

儿童校服是指儿童上学穿着的服装，是由学校统一规定或专门设计的制服式的常备服装。其主要适用于集会、礼仪与庆典等大型活动场合，是学校形象在服装上的表现。校服包括制服式校服和运动式校服两种。

1. 尊重校服的特点

校服是统一式服装，其重要特点就是经常以群体共同穿着的形式出现在人的视野中。它不仅可以反映一个学校的水平，而且可以反映一个地区整体的文化素质和服饰文化观念。因此在设计上要强调庄重严肃的特点，给人以整齐、严谨、安静的感觉。因此严谨大方的款式、端庄稳重的配色是校服的基本特征(图6-3-14、图6-3-15)。

2. 反映学校的特征

校服的特点是整齐、严肃、大方，应以突出学校校训特色与团体特征为目的。不同学校的校服设计应该在保持校服特点的基础上尽量突出本校的特色，以显示与其他学校的区别，比如在色彩、装饰以及学校的徽标上。

3. 符合儿童的年龄

校服从年龄上主要分为小学生校服和中学生校服。校服设计也要跟儿童的年龄相符合。处于小学年龄段的儿童身体与心理个性尚未定型，整齐规范的服装对儿童健康心理的成长与培养集体荣誉感方面有着无形的影响作用。小学生校服设计应表现儿童积极向上、勤奋努力和有纪律、有朝气的特点，在款式上和色彩的使用上要相对活泼明快。同时还要考虑小学生身体成长较快的特点，在围度和长度上做些巧妙的设计，可适当使用一些装饰图案，书包和其他配饰的造型可以不必太规矩，还可以使用卡通图案。中学阶段是一个人从童年走向成人的过渡阶段，在心理上向往成年人，个性独特，因此中学生校服设计一般都使用大方端庄又不失青春活力的款式、比较稳重的色彩，书包和配饰的造型、色彩也不要太花哨。

4. 注重配套设计

校服的特点就是整齐、严肃，因此校服设计

图6-3-14　儿童校服(张慧作品)

图 6-3-15　小学生校服（张慧作品）

一般都是非常注重配套设计的整体效果。校服设计基本上都是配套设计，一套校服一般包括外套、衬衣、裤装或裙装、毛衣、领结或领花、帽子、书包、鞋子、袜子，甚至还有手套。而且校服还要分季节搭配，如夏季校服、春秋季校服和冬季校服，校服各单品之间风格统一、款式色彩协调，井然有序（图 6-3-16）。

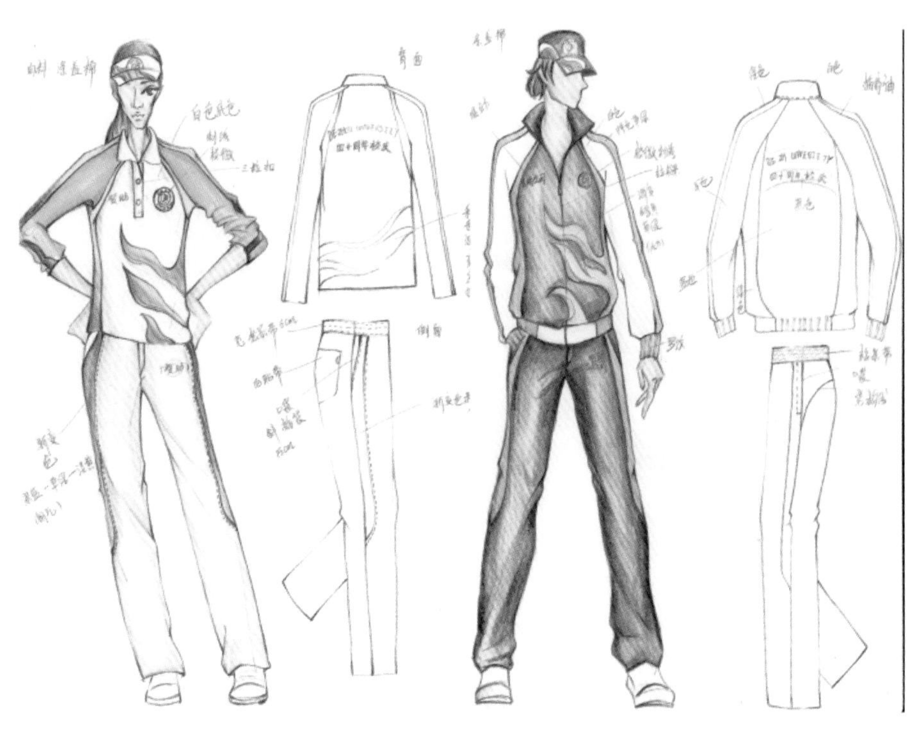

图 6-3-16　中学生校服（白雪作品）

参考文献

[1] 丁杏子 . 服装设计 [M]. 北京：中国纺织出版社 ,2000.

[2] 袁惠芬 , 王竹君 , 顾春华 . 服装设计 [M]. 上海：上海人民美术出版社 ,2009.

[3] 刘晓刚，崔玉梅 . 基础服装设计 [M]. 上海：东华大学出版社 ,2010.

[4] 罗旻 , 张秋山 . 服装创意 [M]. 武汉：湖北美术出版社 ,2006.

[5] 陈莹 , 丁瑛 , 王晓娟 . 服装创意设计 [M]. 北京：北京大学出版社 ,2012.

[6] 刘晓刚 . 男装设计 [M]. 上海：东华大学出版社 ,2008.

[7] 崔玉梅 . 童装设计 [M]. 上海：东华大学出版社 ,2010.

[8] 刘晓刚 . 女装设计 [M]. 上海：东华大学出版社 ,2008.